职场
PPT
达人速成

Jobor 编著

化学工业出版社
·北京·

内 容 提 要

面对职场中快节奏的提案立项、高强度的工作展示、大场面的汇报总结，掌握 PPT 设计制作技巧，又好又快地搞定幻灯片，能节省出宝贵的时间，令工作事半功倍。《职场 PPT 达人速成》一书专门针对职场型 PPT 简洁、高效的特点，以职场中 PPT 的使用需求为基础，将 PPT 设计技巧融入于实际案例中，从方案构思、内容填充、版式设计、风格选择到图表优化，手把手教您快速打造高质量职场 PPT。

作为一本全面的 PPT 操作手册，无论对于 PPT 初学者，抑或是有一定基础的职场老手，这本书都能让您如虎添翼，帮您高效地完成出彩的 PPT。

图书在版编目（CIP）数据

职场 PPT 达人速成 / Jobor 编著. —北京：化学工业出版社，2020.8（2021.9重印）

ISBN 978-7-122-37063-1

Ⅰ. ①职… Ⅱ. ① J… Ⅲ. ①图形软件 Ⅳ. ①TP391.412

中国版本图书馆 CIP 数据核字（2020）第 090023 号

责任编辑：刘　琳　　　　　　　　　　　　美术编辑：王晓宇
责任校对：王　静　　　　　　　　　　　　装帧设计：水长流文化

出版发行：化学工业出版社（北京市东城区青年湖南街 13 号　邮政编码 100011）
印　　装：天津图文方嘉印刷有限公司
710mm×1000mm　1/16　印张 15¼　字数 352 千字　2021 年 9 月北京第 1 版第 2 次印刷

购书咨询：010-64518888　　　　　　　　售后服务：010-64518899
网　　址：http://www.cip.com.cn

定　　价：69.80 元

前言

在职场中，PowerPoint（PPT）已经逐渐成为必备的办公技巧，工作汇报、立项、提案、产品推介、述职报告……越来越多的工作，都离不开它。PPT作为职场中最能出彩，且产出投入比最高的办公利器，既为我们的工作添彩，同时也为我们带来了新的困扰：如何用最短的时间完成一份内容全面系统的PPT？怎样能让自己的汇报既得体又不失特色呢？

随手翻开传统的操作教程，一步步的参数设置、繁复的理论知识、炫酷动画小技巧让PPT变得复杂，学习成本增大，结果却离我们想要的PPT效果越来越远。对于工作型PPT，你真的需要懂配色知识吗？你真的需要酷炫的动画吗？你真的需要熟知各种风格设计规则吗？

答案是，不。

写这本书的初衷，也是本书最大的特点，就是：分享用得上的操作技能。本书本着追求简单实用的准则，摒弃大而全的操作教程，只讲用得上的操作技巧。针对职场PPT简洁、高效的特点，将常用的基础知识、操作技巧以及20种常见风格进行提炼，使读者随看随用，减少学习成本，提高办公效率。

本书的另一个特点是：改善传统功能模块的讲解方式。全书以图文结合的形式将PPT从构思到制作、优化的过程展现出来，分别以认知、提升、风格、版式及素材来讲解，将碎片化的操作技巧系统化，帮助读者建立设计思维，使读者快速掌握操作技巧的同时，做出有自己风格的职场PPT。

看看适不适合你

极度适用人群：职场PPT小白制作者、追求PPT速成者、PPT爱好者、不得不用PPT者。阅读本书，可以快速完成一份令人欣喜的PPT。

致谢

感谢PPTSTORE官方，书中我的很多模板作品，都在其官网展示；感谢PPTSTORE海浪老师、Yoppt小编木子、婷婷及其他亲朋好友的默默支持。

资源·如何更好地学习本书

内容篇幅有限，难免有解说不周到的地方，还请见谅。如果你有任何的建议或意见，欢迎和我联系。

所以，有疑问？→找我！为你解答。

看不明白？→找我！免费配套视频，更新中。

担心内容过时？→找我！与时俱进的教程，不断更。

学不够？→找我！大量免费视频教程，等你来。

如何加我？

微信号：hijobor

QQ：944574691

到哪看视频教程？

①百度用户：Jobor说PPT

②Bilibili用户：Jobor小钵PPT

目录

第四章

版式：
套路满满，
再也不愁不会排版

第五章

素材：
唾手可得，
成吨资源拿到手软

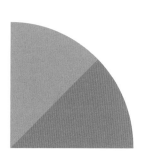

职场，我们要的不是操作全能，
我们真正需要的是"用得上"。

第一章

认知：
改变思维，
做好PPT的第一步

第一节　内容和美化，哪个更重要

我们在做PPT的时候，总是习惯于过度追求美化和炫酷而忽视内容是否合理。你是否也有过这样的情况。

① 内容填充在毫无关系的关系图表中，为了好看；

② 胡乱拆解本该放在一起的内容，为了排版；

③ 因选择炫酷背景等原因，导致文字看不清；

④ 为了体现精湛技术，使用大量干扰注意力的动画等。

在这个过程中，不仅需要花费大量制作时间，而且最终结果不一定符合需求，因为PPT大多时候更需要先讲明白事情。

一、内容优先？还是设计优先？

好内容+好设计=精品

这里引用秋叶PPT的总结，可以更好地说明这个问题。

优秀的内容	+ 适合的设计	= 精品		杂乱无章的内容	+ 适合的设计	= 金絮其外
优秀的内容	+ 糟糕的设计	= 无法吸引读者		杂乱无章的内容	+ 糟糕的设计	= 不及格

二、时间来不及，必须2选1？优先内容

从上面的比喻中，我们能明确得知：内容才是最关键的。内容决定了你呈现的内容是否是精品。

我们看个例子，哪个更合适？

美化：还挺好看

内容：★（信息不明确，重点不突出，逻辑不明晰）

技能：★★★★（寻找高清图片，线条、透明色块、多种形状、阴影、多层叠加等运用）

美化：比较简单

内容：★★★★（内容清晰，重点分明）

技能：★★（只运用基础形状）

💡 **思考：好的PPT一定要包含大量PPT技能吗？**

从上面的例子可以看出：**只需要使用到基本功，就可以制作出简洁大方、重点明确的PPT**。其实，大多时候都如此，**不必追求炫酷，去繁从简，掌握基本功和套路就可以**。这也是本书所要传递的，真正帮助大家从小白出发，树立做好职场PPT的理念。

三、内容，需要有主次和逻辑

内容，不仅是写出来就可以，也不只是用词准确就行，我们还需要做到以下两点。

① 重点突出，捋清内容主次，对信息分层展现。所以，需要有大标题、小标题、正文解释说明等内容。

② 有逻辑，包括每一页的内容和整体内容，这样才能把整件事情有条理地讲明白。所以，需要有目录和过渡页。

关于这个，推荐大家看《金字塔原理》一书。

四、脑图工具，帮助梳理内容

在梳理整体内容的时候，我们通常可以借助一个工具：脑图。它可以非常好地在前期帮助我们建立整体框架、按点发散思维、穷尽更多可能的观点，最后形成一个框架脑图。进而有利于我们快速填充到PPT中，形成初版方案。如下图所示，即为本书撰稿前，初拟的框架脑图；在明确几大模块内容后，作者再由此补充后续章节内容，并最终完善呈现在本书上。

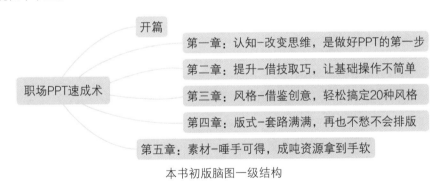

本书初版脑图一级结构

👍 **常用脑图工具推荐**

① 网页版（百度脑图）：http://naotu.baidu.com/
② 软件版（XMind）：https://www.xmind.cn/

第二节 一份合格PPT的关键是什么

可以先思考一下，我们在制作PPT的时候，会如何呈现内容？会关注哪些问题？

一、两个关键点，需要贯穿始终

① 内容结构化。不仅整体方案要有结构有逻辑，单页内容上也需要有结构，所以我们看到PPT会有很多图表辅助表达。

② 呈现可视化。让观点表达更形象生动，尽可能让人一眼就能看明白你想要讲什么观点，而不需要思考。

二、内容结构化

我们通过2个非常简单的例子，理解内容结构化。

示例1-关于产品分类

我们看左边内容，是不是难以分辨和抓住重点？而右边内容进行了结构化分类，并采用并列关系（水果和蔬菜属于两个大类，可并列呈现），很容易捋清页面信息及想要表达的点。

示例2-关于生产流程

我们从下图上方列举的信息可以看出，图中讲述的是一个产品从生产到售卖的流程环节和过程中涉及角色。可以对比一下图中上、下两种效果，上方只是列举信息点，而下方则对信息进行了结构化组织，并采用流程图的形式展现。

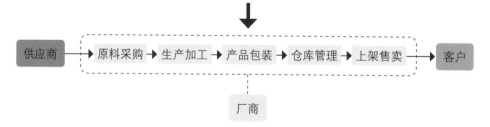

三、呈现可视化

下图的两种形式都在表达同一个观点，你觉得哪种方式更容易理解？

方式一

1992年，阿特·西尔弗曼遇到了一个问题：如何用更直观的方式，让美国人民了解到电影院一中包爆米花就含有37g饱和脂肪酸，远高于美国农业部的建议值（一顿正常的饮食所含的饱和脂肪酸不得超过20g）？

哪种呈现方式更容易被感知？

方式二

1 直接表达　　　　2 理性分析　　　　3 视觉对照 ✓

37g 一中包爆米花
饱和脂肪酸含量

20g 一顿正常饮食
饱和脂肪酸含量

饱和脂肪酸的含量

一顿正常饮食　　一中包爆米花

早餐
＋
中餐
＋
晚餐

由上几个例子，我们可以直观感受到，让"内容结构化，呈现可视化"，有利于更有效、更直观地向观众传递重要信息。

第三节 先填充内容还是边写边制作

我们在做PPT的时候，总是有以下习惯。

① 边做边设计，并纠结于选择何种形式表达。

② 填写内容前，急于先找风格。

不可否认，这些习惯不会影响最终输出效果，但会浪费时间，耗费精力。职场很少有一遍就过的方案，当出现内容需要大调整的时候，你之前的美化努力也就付之东流了。

一、先确定内容，减少返工

我们接受任务的时候，往往是先听领导大谈其想法；或者是提供一堆Word文档及其他资料，让我们来捋框架、找内容并完善。

因此，在制作PPT的时候建议按照这个步骤进行，以减少返工。

确定框架	填充PPT	确定内容	完善细节	风格选择	开始制作
·梳理内容框架，列出主要观点，捋清主次	·以"白底黑字"的形式填充到PPT中	·与需求方确定内容及页数安排是否合适	·基于确定好的内容要点，补充内容细节	·提供2~3种风格样式供参考选择（样图）	·统一字体、颜色等元素·按页美化

二、划重点：先以白底黑字形式，填充内容

虽然上方已经给出了建议，但还是要再次强调这两点。

① 不得不说，在需求方布置任务之后，先用"白底黑字"填充框架和每页的大致内容点，然后和需求方确认，将会是一个非常实用的做法。当我们因为多种因素导致PPT需要重新制作时，你会庆幸，还好没有开始美化。

② 确定内容时，可以同步选择2～3种风格样式，供需求方选择，让其能更直观地敲定风格，而不是在我们开工后反复改变。当然，这些样式并不需要自己先做出来，我们只需要在网上找到类似风格的图片（或者平常做过的方案）作为示例即可。

第四节 版式大小设置为16：9还是4：3

当然，PPT版式不只有这两种大小，主要是根据场地的幕布/屏幕大小而定，以取得最佳效果。通常在职场使用16：9，在学校课堂使用的是4：3（贴合投屏幕布比例）。

除特殊需要（比如发布会通常根据会场屏幕占比而定），我们使用16：9即可。

找了张会议室的图，我们可以比对着看看，左边为16：9，右边为4：3，在这种情况下，哪种效果更好？

情景一：屏幕为16：9的会议室

16：9　　　　　　　　　　　　　　　　　4：3

情景二：屏幕为4：3的会议室

16：9　　　　　　　　　　　　　　　　　4：3

注：16：9的尺寸投影在4：3的幕布/屏幕上，上下空缺部分会被黑色填充。

第五节　你真的会用幻灯片母版吗

你知道，幻灯片母版有哪些用处吗？

平常，你对幻灯片母版进行过相关设置吗？

其实，很多统一的设计，可以在幻灯片母版里完成。

一、幻灯片母版界面

幻灯片母版是存储有关应用的设计模板信息的幻灯片，存储的信息包括字形、占位符大小或位置、背景设计和配色方案。

其作用为制定统一规则。幻灯片页面在套用幻灯片母版中的版式时，会沿用母版里制定的规则（包括字体字号、颜色、背景及装饰元素等）。

为什么我们套用模板的时候，有些元素/对象删不掉，比如线条、Logo、装饰图片、企业网址等？这是因为这些信息都放在幻灯片母版里，需要到母版里进行删除。

先来看看幻灯片母版的界面有哪些常用的操作功能。

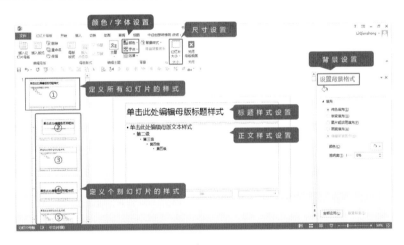

注：如何打开幻灯片母版？视图-幻灯片母版。

【常用操作介绍】

1. 母版样式

图中第①张母版定义所有幻灯片的整体样式；第②③④⑤……张母版定义单张幻灯片的样式（如过渡页、正文页等），但会继承第①张母版样式的设置。在继承的设置中，文字字体、字号、颜色、背景是可以改变的，但是对于第①张中插入的元素/对象，比如形状、线条、图片等，只能在第①张进行修改。

2. 背景色设置

在幻灯片母版上点击右键，选择"设置背景格式"，可以打开右侧设置菜单栏，设置不同的背景。注意在第①张母版中进行的设置，会影响全部版式；在其他页面设置，则分别影响该张幻灯片页面。

3. 设置整体主题色

4. 统一字体

5. 设置幻灯片尺寸（16∶9、4∶3等）

6. 设置不同版式的标题、正文文本框等

二、常见应用

1. 在全局重复使用某元素（如Logo）

操作：在第①张母版的某个区域，插入Logo图，即可应用到所有页面。

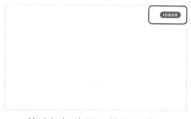

母版中插入LOGO图片　　　　前端幻灯片页面的应用效果

2. 在个别页面重复使用某些元素（如过渡页、正文页等）

操作：在第②③④⑤……张母版版式中的一张，插入某些元素，做成过渡页版式或正文页版式。

示例1-过渡页1

母版中，设计某个版式　　　　前端幻灯片页面的应用效果

示例2-过渡页2

母版中，设计某个版式　　　　前端幻灯片页面的应用效果

示例3-正文页通用标题版式

前端幻灯片页面的应用效果

母版中，设计某个版式

【如何应用幻灯片母版样式】

操作：选择需要应用的幻灯片，点击右键，选择版式-选择相应版式。

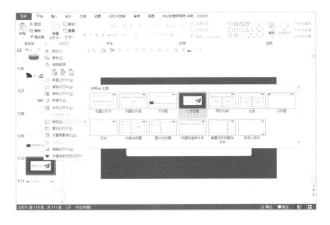

3. 将背景大图放在母版中（如全图型PPT设计）

操作：如果背景大图需全篇使用，则放在第①张母版中；如果背景大图为部分页面使用，则放置在需要使用的那一张母版上。

好处： 一是方便在前端应用的幻灯片上进行页面内容填充和修改；二是重复使用的时候，有利于减少文件的大小，因为背景放在母版版式中，不需要重复粘贴图片到需要使用的幻灯片页面上。

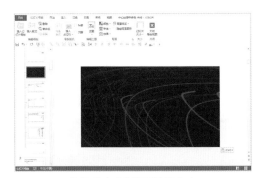

前端幻灯片页面的应用效果

将图片复制到母版版式中

第六节　你真的需要懂颜色吗

　　PPT中，颜色可以最直接地带动用户感受，所以配色非常重要。但作为普通大众的我们，并不能像设计师一样，对颜色信手拈来；即使煞费苦心去学，到头来依然不知如何配色。

　　更重要的是，对于职场中的我们，要追求时间投入产出比。

一、这里有一些用色套路

① 按照行业属性，参考行业网站，比如电商行业通常用红色。

② 匹配内容要求，比如学术研究、科技类，一般用蓝色。

③ 符合颜色含义，比如橙色代表活力、绿色代表环保、紫色代表神秘。

④ 参考公司的颜色使用规范，比如Logo、公司网站、宣传册等用色。

⑤ 根据需求方的喜好，若不确定，提供3套颜色方案供其选择。

⑥ 减少使用多色系，不好控制搭配。

⑦ 自己看着舒服，才能做得下去。

二、获得颜色的神器：取色器

　　正常颜色搭配的讲解逻辑，首先应该呈现一张"色轮"，讲解三原色，但那不是我们想要的，我们只是想要一个简单、快速的配色方法。所以，这里推荐给大家的方法，非常简单实用。

　　划重点：选择一个好的图片、设计作品、公司Logo、官方网站，或者行业网站等，从上面获取需要的颜色值，应用到PPT中。

　　如何取色？

① **取色器：**Office2013版本自带。

② **截图工具：**如果版本低没有取色器，可以网上下载取色工具，或者借用QQ/微信的截图工具，获取RGB值进行调色。

　　我们来操作一下。

① 找到一张意向参考的作品图/图片；

② 任意选中一个形状/文本框，选择颜色填充——取色器；

③ 在图片主要颜色区域，点击吸管，获得配色。

　　我们可以看到被填充的形状或者文字的颜色变成了吸取的颜色，同时，在主题颜色面板中的"最近使用的颜色"中，也能看到被吸取的颜色。

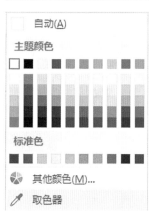

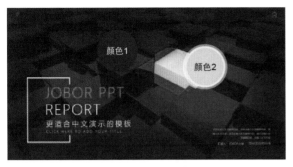

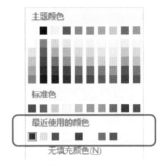

从 图中吸取的两个颜色　　　　　在 "最近使用的颜色" 中可以看到

推荐一个从图片上自动获取配色方案的网站。上传图片，即可获得。网址：https://color.adobe.com

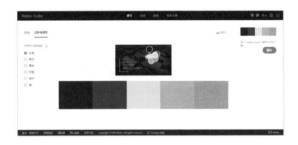

三、单色系，多数人的选择

就像上一小节所说的，尽量减少使用多色系。因为本来好看的几种颜色，堆积在一起，效果可能并不好。

所以，单色系会是一种比较稳妥的选择。

如何选择单色系配色？

① **按照上节取色器的方法。**

② **记住一些颜色的含义。**

颜色	属性/含义	适合行业
蓝色	博大、沉着、理智、严谨、清爽、干净等	互联网、科技、旅游、医疗制药、工业、学术、政府等
红色	喜庆、跳跃、积极、热情、张扬、中国传统等	传统文化、餐饮、食品、零售电商、金融、政府等
黄色	明亮、温暖、光明、灿烂、辉煌、欢乐等	餐饮、食品、服务业、车辆运输、政府等
绿色	健康、希望、生长、和平、安全、大自然等	电子、农业、林业、工业、食品、医疗制药等

续表

颜色	属性/含义	适合行业
橙色	年轻、活力、轻快、时尚、愉悦、动感等	服饰、餐饮、食品、娱乐、物流运输、互联网等
紫色	神秘、高贵、优雅、华丽等，与女性相关度高	红酒、娱乐、服装配饰、化妆品等
黑色	庄严、厚重、深邃、高贵、高级感等	服饰、科技、IT数码等，与其他颜色搭配
灰色	专业、高雅、朴素、商务等	与其他任何颜色，皆可搭配使用

如果你经常纠结选哪种颜色，不能自拔，可以选择最多人使用的颜色：蓝色，次之为红色。

依然推荐Adobe的网站。点击左边菜单栏中的"单色"，拖动色轮上的小圆圈，获取单色系"配色方案"。网址：https://color.adobe.com

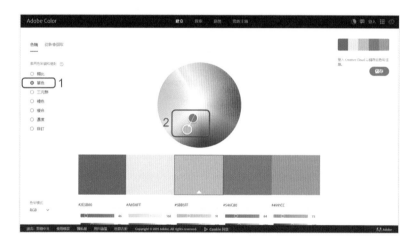

四、灰色系，最好的配角

想象一下，如果全篇下来，都用彩色或者彩色+黑色，会是一种什么画面感？大多数情况下，全篇内容都会是醒目突兀，容易造成视觉疲惫。所以，这个时候我们需要用"灰色系"来进行搭配。

1. 灰色系有什么作用呢？

① 降低主色调的使用面积和频率，保持更清爽、简洁的页面。

② 体现内容层次，非重点信息使用灰色呈现，不会喧宾夺主。

2. 可以应用在哪些地方？

① **处理图片**　对图片进行灰度处理，更好地体现文字内容或在特定情景（比如需要黑白图片时）使用。

② **作为背景**　体现简洁商务，可使用纯色或者渐变色；建议使用处于灰色两端的深度灰或浅度灰，不要使用中间态的灰色做背景。

③ **处理文字** 直接使用，简洁大方；与其他颜色搭配，体现内容层次，突出重点。

④ **填充图表** 非重点数据弱化、装饰数据图。

⑤ **填充色块** 使形状成为排版的重要辅助、作为文本的底纹。

⑥ **填充线条** 装饰版式、内容引导（如时间轴）。

我们来看几个例子，以更好地理解灰色在PPT中的应用。

> 文字填充灰色：弱化自身，凸显其他重点信息。
> 形状填充灰色：美化版面且不突兀。
> 数据图表填充灰色。
>> a. 突出重点数据。
>> b. 填充其他类别数据系列做底纹，版面更整齐。

> 文字填充灰色：弱化自身，凸显其他重点信息。
> 形状填充灰色。
>> a. 色调搭配：充当辅助色。
>> b. 当容器：填写文字和图标。
>> c. 做装饰：灰色圆环及水滴等。

> 文字填充灰色及图片灰度处理：弱化自身，凸显其他重点信息。
> 形状填充灰色。
>> a. 弱化自身，凸显其他重点信息：左、右图片上方色块。
>> b. 装饰版面：底部浅灰色长矩形。

> 背景填充灰色：体现商务质感。
> 形状填充灰色：充当辅助，填充小圆。
> 线条填充灰色：内容和视线引导。

【**图片如何灰度处理？**】

① 双击图片。

② 在顶部"图片工具格式"菜单栏下选择"颜色"。

③ 点击下拉三角，选择合适的灰度。

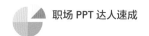

五、配色网站推荐

推荐一些配色网站/工具。

适合扁平风

flatuicolors.com

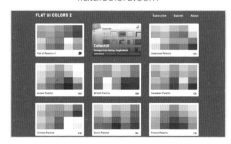

中国传统颜色

zhongguose.com

成套配色方案

colorhunt.co

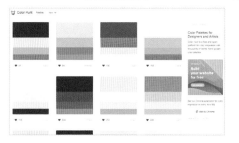

小清新颜色

webdesignrankings.com/resources/lolcolors

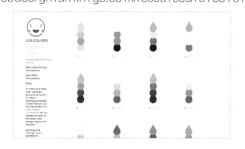

渐变色1

webgradients.com

渐变色2

uigradients.com

（可直接下载渐变大图充当背景）　　　（可直接下载渐变大图充当背景）

　　如果记不住以上网址没有关系，这里推荐一个PPT工具导航，除了有配色网站导航，还有很多其他的工具推荐（包括字体、素材、背景、PNG免抠图素材、插件等）。网址：yoppt.com/pptdesign

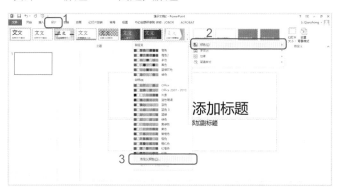

第七节　还在一个个修改形状/文字的颜色吗

当我们明确好需要使用的颜色方案后，我们会遇到一个问题：每次插入新的形状时候都需要重新更改默认颜色。

当然，我们可以通过手动修改、设置默认形状，或者格式刷等方式进行修改。但有没有"一劳永逸"的办法呢？

一、了解主题颜色

我们在做PPT的时候，通常都不会使用主题颜色这个功能，因为系统默认的主题颜色搭配方案不太好看。另外，我们可能会见到，一套模板提供了多种配色，并可实现一键替换，其实是使用了主题颜色的功能。

设置主题颜色，有哪些好处呢？

① 自定义色彩方案，在保存后，可反复使用到多套PPT中。

② 通过选择保存的配色方案，一键快速替换已有的颜色搭配。

③ 获得已设置颜色的同色系颜色。

通常，我们可以在两个地方，进行主题颜色设置。

方式1："设计"-"颜色"-"自定义颜色"

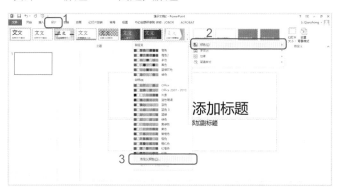

方式2："视图"-"幻灯片母版"-"颜色"-"自定义颜色"

二、如何设置主题颜色

如果我们已经选定了一套颜色搭配方案，就可以开始设置了。这时，最关键的是要认识每个选项都代表什么？

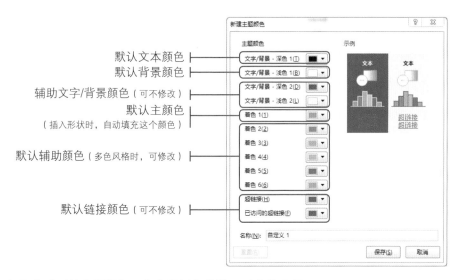

默认文本颜色
默认背景颜色
辅助文字/背景颜色（可不修改）
默认主颜色
（插入形状时，自动填充这个颜色）
默认辅助颜色（多色风格时，可修改）
默认链接颜色（可不修改）

设置完成后的主题颜色，在主题颜色菜单下对应的呈现。

完成颜色设置后，填写自定义名称，点击保存。以后在颜色主题处就可以快速找到并套用这套颜色搭配方案了。

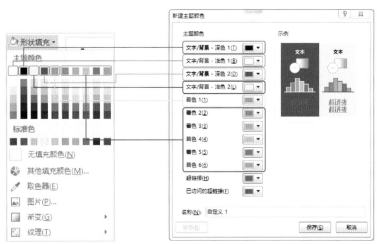

如何查看已设置颜色
的同色系颜色？

设置的主题颜色
各主题颜色对应的同色系颜色

* 使用单色系配色时，可只设置"默认主颜色"；其他辅助颜色可设置为同色系或灰色系，也可不设置。
* "默认文本颜色"和"默认背景颜色"通常使用黑白灰色系；当背景是深色时，文字设置为白色；当背景为浅色时，文字设置为黑色。
* 试试设置多套颜色方案，并进行一键套用。

第八节　动画和多媒体，真的需要吗

在呈现PPT的时候，我们总希望尽可能地吸引观众的注意力，比如增加动画、多媒体（视频、音乐），通过"动"的方式，吸引关注。又或者纯粹是利用动画展现高超的PPT技术……

但如果对内容、演讲节奏把控不好，这些会成为分散注意力的坏帮手。

一、别让动画、多媒体，影响内容表达

其实，添加炫酷动画、应景音乐或者是动态视频（指作为幻灯片背景的情况下），都是没有问题的。关键是要注意以下几点。

1. 是否需要用于辅助内容呈现

动画要为内容服务，保证和内容的相关性，而不是为了添加动态效果而添加。如果与内容不匹配，或者在连内容都没有呈现好的时候添加，效果会适得其反，观众的注意力会停留在"琢磨如何实现这个特效"的思考中。

2. 是否为无效的工作行为

我们需要掌握的技能，是能够完美地做出每一个动画，也能把握什么情况该添加、添加什么样的特效。但通常，在工作型PPT中，不需要动画、音乐和视频背景。比如很多情况下，我们的PPT需要生成PDF格式后，再提供给他人，无法展现动画效果。

所以，在制作工作型PPT的时候，有以下几个小建议。

1 只添加简单的页面切换动画，避免"喧宾夺主"。
推荐"切出/淡出/推进/擦除"等弱视觉效果的动画。

2 不随意为图片/形状/文字等添加动画，分散观众注意力。
只在需要的时候添加，比如需要表现先后顺序的时候。

3 避免将音乐和动态视频作为整个PPT的背景元素，全程体现。
视频及音乐如需在某些页面呈现，可单独添加。

最直接的做法：除了页面切换动画，其他都不添加。

二、页面切换效果的添加

在Office2013及以上版本，系统提供很多炫酷惊艳的特效，比如涟漪、蜂巢、碎片、飞机、折断、涡流等。但我们尽量使用简单、统一的页面切换效果。

通常，我们为工作型幻灯片设置"淡出"这种细微型的页面切换效果，不抢眼。

如何为所有幻灯片统一添加切换效果？在最左侧的窗格中，任意点击一张幻灯片，按Ctrl+A实现对所有幻灯片的选中，然后在顶部菜单栏的"切换"选项卡中，选择"淡出"效果。

如何为不同幻灯片添加不同的切换效果？在最左侧的窗格中，选择需要设置页面切换效果的幻灯片，在"切换"选项卡中选择一种效果；每选择一张幻灯片，设置一次切换效果。

为什么有些PPT会不受控制，自动播放？

有时候，我们在演示他人做的PPT时会发现，PPT总是自动播放，难以控制，严重影响演示效果。怎么回事呢？

这是因为设置了页面自动切换时间。我们把这个选项勾选掉后，就可以实现通过鼠标自由控制了。

三、认识3个动画参数设置

在动画选项卡中，提供了"进入""强调"及"退出"三种效果；注意设置了"退出"动画的对象，在播放完动画之后会不再显示。

如何实现自动依次或者同时播放？

我们来认识3个动画参数，在"动画"选项卡中的"计时"功能区。

1. 计时-开始

单击时：单机鼠标，播放动画。

与上一动画同时：上一个动画播放的时候，同时播放这个动画。

上一动画之后：上一个动画播放完毕后，再播放这个动画。

这里所指的动画也包括页面切换效果。所以，有时候我们看到，进入一个页面后，不点击鼠标，也会自动播放，使用的就是"与上一动画同时"或者"上一动画之后"。

2. 持续时间

给所使用的动画效果，设置一个播放时长，控制动画特效的快慢。

3. 延迟

经过一定时间之后，才开始启动这个动画。一般与"与上一动画同时"搭配使用，让两个动画效果之间有一定时间间隔，但是又不会完全在上一个动画播放之后才播放。

此外，我们可以通过给一个对象叠加多次动画效果（比如同时添加进入-强调-退出），以及给动画叠加自定义动作路径，来实现更丰富的动画演示效果。

第九节　这样的PPT背景不能用

本节探讨的背景，主要针对以呈现内容为主的正文页，不包括封面、封底、目录、过渡页及一些内容呈现较少的页面（比如全图型页面）。

背景是PPT中一直会占据视线的重要元素，很多接触PPT不久的小伙伴们都喜欢用比较花哨的背景，觉着酷炫。但回归本质，我们到底想呈现什么？是内容还是背景呢？

本节，我们来看看，应该规避哪些背景应用的误区。

一、哪些背景，要避免使用

从内容辨识度和设计美观度等维度考虑，建议不要使用以下背景。

避免灰色系的中间态颜色
比如这个中度灰，不便于辨识内容

避免使用明亮饱和的色彩
容易导致视觉疲劳

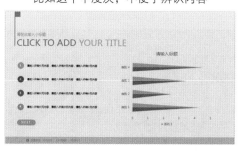

避免使用花哨图片

视觉缭乱，不便于分辨内容

避免使用低质量图片

缺乏质感，如模糊/有水印图片

避免使用老套的图片特效

既不简洁也无美感

避免使用与内容无关的图片

影响内容的呈现，且没有代入感

二、学会这些，再也不愁无背景可用

上文说了要避免使用的几种背景，那么，什么样的背景比较合适呢？这里介绍几种比较简单快捷的方式，实际应用不限于这些。

1. 最省时省力的方式

深色或浅色背景，主要以白色、极浅灰色、黑色、极深灰色为代表。

白色背景

极深灰色背景

2. 略复杂一些

深色渐变或浅色渐变背景，主要以很接近的两种颜色组成渐变色当背景（没有推荐彩色渐变，是因为把控不好与文字的搭配，影响内容的展现）。

以白色–浅灰渐变为背景
渐变方式：射线渐变–中心辐射

以黑色–深灰渐变为背景
渐变方式：线性渐变–线性向下

3. 再复杂一点

以图案填充，获得纹理背景。

① PPT自带纹理填充。

a. 点击顶部导航"视图"—打开"幻灯片母版"—点击"背景样式"—选择"设置背景格式"。

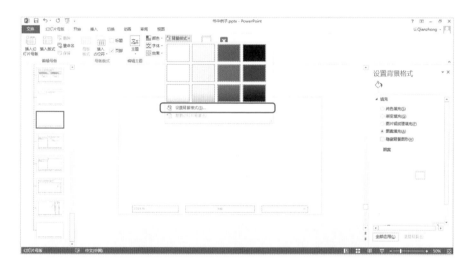

b. 在右方"设置背景格式"菜单栏中进行相关设置。

勾选"图案填充"。

选择"图案"，有很多样式，比如斜线。

选择背景色为白色。

选择前景色为极浅的灰色。

最终效果如下。

放大镜效果

② **网站下载纹理图片。**

在这里推荐几个网站，可以直接下载非常好看的纹理图片。

a. 图鱼hituyu.com（★★★★★），10000+个纹理素材。

b. Coolbackgrounds.io，数量有点少，但很有设计感。

c. Heropatterns.com，简约纹理素材。

4. 来点色彩

如果觉着黑白灰太单调，**我们也可以**使用较暗较深的彩色填充背景。

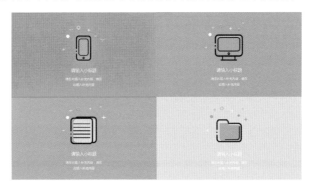

5. 加个简单的边框或装饰

上下浅色线条边框　　　　　　　　　　左侧低多边形图片装饰

　　简洁大方　　　　　　　　　　　　　　设计感爆棚

6. 给图片加个蒙版

图片太花或者太亮，影响内容辨识度的时候，可以加一个深色的半透明色块。色块的大小刚好覆盖整张幻灯片。

【半透明色块设置】通常可以加一个透明度30%～50%的黑色色块，实现蒙版效果。

① 设置方法：插入形状-拉大覆盖整张幻灯片-填充为黑色-调节颜色透明度-线条填充为"无线条"；

② 透明度可以根据实际情况调整，不一定必须是30%～50%之间。

原图片填充　　　　　增加半透明蒙版　　　　　增加内容的效果

此外，还有很多体现不同风格的背景效果，比如星空背景、粒子背景、低多边形背景，以及视频背景等，可根据具体效果选择。

第十节　为什么你的PPT看上去很乱

有没有感觉基础操作都会，但做出来的 PPT 就是有点乱？

你需要了解这 4 个排版原则。我们可以不懂设计，但排版原则不能少。

本节的 4 大原则源自 Robin Williams 的《写给大家看的设计书》，同时结合了一些 PPT 示例，以便于更好地理解、应用到 PPT 中。

4大排版基本原则如下。

亲密性　　　对齐　　　重复　　　对比

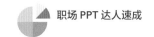

一、亲密性原则

亲密性原则是指彼此相关的项应当靠近，归为一组。如果多个项之间存在很近的亲密性，它们就会成为一个视觉单元，而不是多个孤立的元素。这有助于组织信息，为读者提供清晰的结构。

可以简单地理解为一个个类别、一个个小团体等，分别聚在一堆。

通过亲密性原则可以快速实现条理性和组织性。如果信息很有条理，将更容易阅读，也更容易被记住。此外利用亲密性原则，还可以留出空白区域，使版面更美观也更有条理。

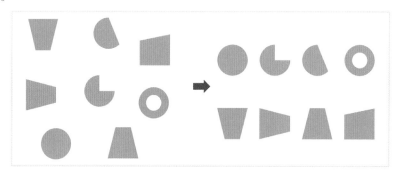

大标题与正文分开，小标题与解释内容靠近

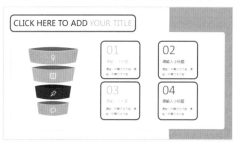

不同内容放置不同区域，并分类聚合

大标题与正文分开，小标题与解释内容靠近

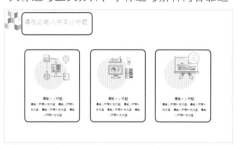

不同内容放置不同区域，并用色块区隔

可以说，该靠近就靠近，该拆开就拆开，通过位置体现内容的关联和亲密性。如果某些元素在逻辑理解上存在关联，或者相互之间存在某种关系，那么在视觉效果上也应当有关联。对于其他孤立的元素或元素组则不应存在亲密性。

二、对齐原则

对齐原则是指任何东西都不能在页面上随意安放。每个元素都应当与页面上的另一个元素有某种视觉联系。这能建立一种清晰、精巧而且清爽的外观。

想想，学校里做早操的时候，是不是一列列、一行行对齐，会显得更加规整、美观？

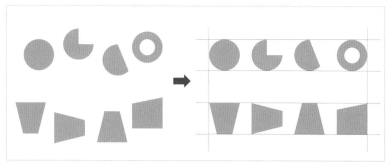

通常对齐有这几种方式：上下对齐、左右对齐、居中对齐、两端对齐。

在PPT中，对齐元素包括标题、文本框、图片、形状、线条及矢量图标等元素。此外，既包括当前页面内各元素的对齐，还包括不同页面之间的元素对齐（如各页面大标题的位置对齐）。

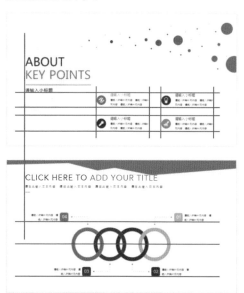
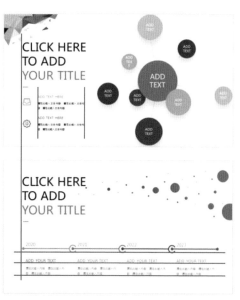

要想页面看上去统一、有联系，需要在各个单独的元素之间建立某种视觉纽带。通过对齐，可以在不相关且两者距离比较远的元素间建立一条看不见的线，视觉上把它们连在一起，让版面显得统一且有条理。

PPT中常用辅助对齐的工具：参考线、网格线、对齐排列工具。

三、重复原则

重复原则是指让设计中的视觉要素在整个作品中重复出现。可以重复颜色、形状、材质、空间关系、线宽、字体、大小和图片等。

利用重复，可以将我们的作品从视觉上系为一体。

想想，一个PPT里，各个页面颜色、字体都不一样，会是一种什么感觉？是不是像很多PPT拼凑在一起，既不简洁，也不知道到底是什么风格。

做到重复其实很简单。可以沿袭PPT中各元素的样式规则。例如，所有页面的大标题设置为相同的字体字号，全文使用相同的颜色搭配，复用相同的几何形状；也可以为了制造同一种风格视觉，刻意增加一些与内容无关的装饰，比如线条、星空元素、纹理图片、低多边形元素等。

我们需要做的是，记住这个概念，然后刻意为之。

如下图这个例子中，用到以下重复元素。

① 颜色重复：红色、灰色。

② 字体字号重复。

③ 圆形重复：图片、圆圈装饰等。

④ 背景装饰重复：渐变形状。

⑤ 短线条重复。

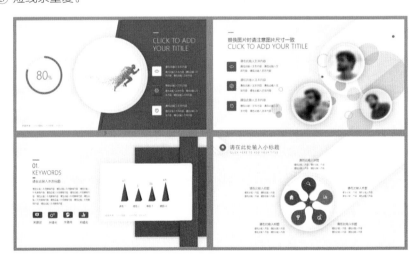

当然，需要注意的是，将能够保障整体风格统一的元素进行重复即可，不要为了重复，而添加大量的装饰元素。

四、对比原则

对比原则是指页面上的不同元素之间要有对比效果，避免页面上的元素太过相似，没有重点。通过对比，可以增强视觉效果，更好地凸显页面上不同内容的层次关系及信息重点。

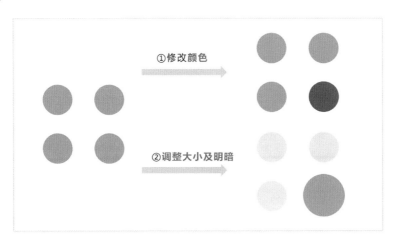

在PPT中，对比最直接的实现方式就是放大字体；另外，还可以通过更换不同颜色、加粗字体、增加线条、增加形状等来实现。

改变色块及数据图表颜色，凸显重点

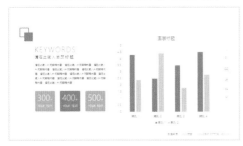

改变色块颜色，形成层次

改变文字、色块颜色，形成层次

以色块分隔内容，突出重点

第十一节 1小时美化一份PPT，可能吗

很多时候，在某个小会（比如例会）前，突然需要简单地美化PPT，你会怎么应对？

大脑第一反应是否是：开玩笑，根本就来不及。但你也只好硬着头皮上……那有没有快速美化PPT的方法呢？

如上面情景所描述，为了给自己争取更多表现机会，我们需要知道一些快速美化PPT的方式。通常，应对简单需求，我们有3套解决方案。

一、默认主题，秒变风格

优势： 一键秒变，提供38种主题；配合色彩改变，生出数百种风格。

系统自带主题大部分时候是个鸡肋，但在我们制作时间非常紧张，美化要求又不是很高的时候，算是个小利器，使用起来也超级简单。具体操作：打开幻灯片，在"设计"菜单下，任意选择其中一个主题。

可供选择"主题"区域　　　　可更改所选择主题的颜色、字体等

案例示意：

修改前　　　　　　　　　　　　　　　　修改后

套用系统自带主题后，因之前插入的文本框等不规范，可能还需要做以下更改。

① 对个别页面元素（文本框、形状等）进行微调。

② 个别字体，手动替换。

③ 行间距调整为1.3～1.5倍行距。

注意： 在选择系统自带主题的时候，尽量选择画面较为简单的风格（如只有简单线条、色块这种）。

到此，基本完成简单、快速的美化需求了。当然，如果发现主题、颜色、或字体不适合，还可以进行以下操作。

①选择白色主题，恢复为修改前的主题样式。

②更改颜色（如更改为企业惯用色彩）。

③更改字体。

选中即可恢复为原版本

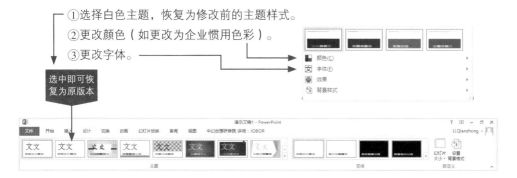

二、自己操刀，手动设置

手动设置的方法也超级简单，只需要以下操作。

① 统一字体。

② 统一正文页样式。

③ 设计部分页面：封面、目录页、过渡页及封底等。

案例示意：

修改前　　　　　　　　　　　　　修改后

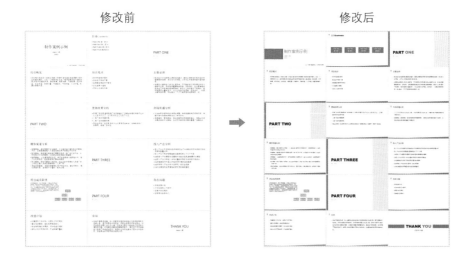

操作步骤拆解

① 打开"幻灯片母版",设置字体为"微软雅黑"。

注:a.也可以直接设置占位符的字体为"微软雅黑"。

b.在"自定义字体"中,设置中英文的标题和正文字体。

② 在含有"标题"和"正文内容"占位符的幻灯片(通常在封面母版之后)上,做如下调整。

a. 标题设置为28号字号,并适当往上调整位置。

b. 正文内容占位符的行间距调整为1.5。

c. 标题左边加入一个装饰形状,本案例使用4个相同色系的小方块进行叠加。

d. 底部增加两个非常窄的三角形,分别填充为灰色和蓝色。

③ 分别为封面、目录、过渡页、封底增加形状色块。

封面

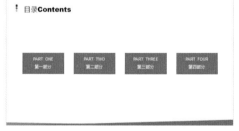

目录

过渡页

封底

这种方式做出来的效果简洁，效率也比较高，适合日常汇报等非重点场合使用。同时，也可与系统自带主题配合使用。如果时间还十分充足，可再增加图片、关系图表（图形）、矢量图标等来丰富。

三、套用模板，瞬间上档次

相对于前两种方式，套用模板比较复杂，所费时间也比较多，主要耗时在匹配合适的风格、页面、关系图表、图片等工作上。

1. 如何选择模板？

看风格及整体调性

看风格是否便于呈现内容、自己能否驾驭、领导是否满意、场地明暗度（灯光亮用浅色背景、灯光暗用深色背景）、会议调性（大场大气、小场可适当个性化）、版式大小（一般为16：9）等因素选择模板。

看配色的相关性

配色的选择，根据内容的需要（根据所处行业进行判断）、场合的需要（和会议主办方海报相比较/场地明暗度）、公司形象的需要（与企业LOGO/官网颜色对比）等确定。

看正文版式丰富度

版式是否多样，直接决定可被套用的灵活度。所以，一个好的模板既要有图文、也要有关系图表（流程图、时间轴等）、数据图表等。需要根据已准备好的内容，选择需要采用的版式。

看元素的可编辑性

如果模板里面的元素可编辑性很小（比如图标、特殊形状皆是图片生成），那么颜色大小都不能再次修改。

看封面的吸引力

一张好的封面版式，是吸引用户关注度及注意力的第一要素。所以，封面好不好，直接影响模板的选择。

【选模板，需要规避的误区】

① **年份太老，通常版式、配色及图表比较陈旧老套。**

这种模板通常是：文件后缀为"ppt"、4：3格式、三维旋转立体+阴影，以早期的商务模板居多。

② **背景太花，看似很炫酷，实则影响呈现。**

使用这种模板，看清内容真的需要好眼力和愿意去分辨的意志。封面及过渡页可以合理选择能突出主题的花哨背景，但是正文页就不要选择花哨的背景了，呈现内容才是最重要的。

③ **视觉平庸，缺少设计感和主题个性。**

有些模板只是版式的简单拼凑，没有风格特色。

④ **版式太少，翻来覆去就几种版式。**

这是杂志模板常见方式，整个模板最多的就是各种图片组成的版式，你会发现去掉图片后，顿时没有了美感。而且除了图文版式，我们的PPT还需要呈现内容逻辑和数据分析的版式。

2. 如何套用模板？

套用模板大致分成三步。

① **套内容。**

首先，将准备好的内容填入PPT中，从封面开始，按顺序填充。在这一步里，可以先忽略排版细节问题。

WORD内容：提取封面内容 模板：个人总结风格

这里除了填充中文标题内容，做成封面以外，还可以增加/删除英文标题。

WORD内容提取+图片 模板：选择合适版式（图文）

这里除了填充内容，还需要做以下几点。
a. 提炼内容，删除无关紧要的话；
b. 提炼小标题；
c. 调整图片尺寸比例（放大/缩小、裁切）。

② 拼版式。

很多时候，一套模板里面所包含的版式及元素并不能满足我们的需求，这时候，可以从其他模板中复制版式，拼装到当前使用的模板中。

当风格及配色都一样的时候，可以直接套用；如果不一样的时候，就需要我们进行简单的处理。在这一步，可以先完成拼装，待完成所有内容填充之后，再统一进行配色等的调整，以免做到一半需要更换风格或者内容，之前所做出的调整也就白费，浪费精力。

其他模板的版式

复制到当前套用的模板下

填充内容

修改元素、图片等颜色

③ **修细节。**

在所有内容都填充完之后，再从头到尾检查，调整一些小细节问题。

a. 图片是否和内容相关。

b. 字体是否统一。

c. 颜色是否统一。

d. 行间距是否有调整（一般为1.3~1.5倍行距）。

第十二节　为什么你做得总比别人慢

虽然对基础操作了如指掌，但看到别人制作 PPT 的时候如行云流水般，仍会羡慕不已。

了解本节内容，我们也可以快速高效地做起来。

一、快捷键：强行记忆最主要的

记住一些常用的快捷键，可以节省找操作功能的时间。不过快捷组合键有很多，我们记住一些自己常用的就可以。

标红色的部分，建议强行记住。

复制/粘贴	Ctrl+C/V	剪切	Ctrl+X	免复制粘贴	Ctrl+D
复制	Ctrl+鼠标拖动对象	平行复制	Ctrl+Shift+对象	缩放字号	Ctrl+[或]
全选	Ctrl+A	参考线	Alt+F9	撤销/恢复	Ctrl+Z/Y
缩放画面	Ctrl+鼠标滚轮	保存	Ctrl+S	位置微移	Alt+鼠标拖动对象
组合	Ctrl+G	取消组合	Ctrl+Shift+G	选择性粘贴	Ctrl+Alt+V
绘制直线/正形	Shift+插入形状	重复上一步	F4	新建幻灯片	Ctrl+N
加粗	Ctrl+B	中心旋转	Alt+左/右方向键	关闭/打开文件	Ctrl+W/O
文本左对齐	Ctrl+L	文本右对齐	Ctrl+R	文本居中对齐	Ctrl+E
复制格式	Ctrl+Shift+C	粘贴格式	Ctrl+Shift+V	播放幻灯片	F5
从当前页播放	Shift+F5	开启/取消黑屏	B	退出播放	Esc

二、快速访问工具栏，高手都在用

要想更快的速度，除了记住一些快捷键以外，我们还需要定制一个"快速访问工具栏"。这是一个什么工具呢？在PPT操作界面左上角，你会发现有一些快捷操作按钮（默认是保存、撤销、恢复及播放幻灯片）。如果我们只是使用这些操作，那就太浪费这个区域的设计了。

试着想一想，平常我们要找合并形状、排列组合等这些常用操作的时候，是不是需要去顶部菜单栏的选项卡里一一查找？有没有感觉多了很多无效的点击和查找，拖慢了做PPT的速度呢？

让我们一起来学习，高手都在用的快速操作工具。

需要做的很简单，把自己常用的功能集装到这个快速访问工具栏中。

首先，我们来看看快速访问工具栏的"庐山真面目"。

默认情况，快速访问工具栏在顶部。

当然，我们也可以放到顶部菜单栏（功能区）下方。建议采用这种方式，离我们的鼠标操作更近。

如何将快速访问工具栏移动到顶部菜单栏（功能区）下方呢？ 如图所示，我们点击快速工具访问栏最右端的倒三角，在弹出的选项里，选择"在功能区下方显示(S)"。同理，我们也可以再次移动到上方。

1. 如何添加功能到快速访问工具栏？

操作：找到每个需要添加的功能操作，点击右键，选择"添加到快速访问工具栏(A)"。

*划重点： 对于常用操作，不要将整个功能组合添加，而是选择里面的一个个细项进行添加（如①图）。当然，也有即使按细项添加还是会显示整个组合的情况（比如②图）。此外，如果选择的细项是灰色，那是因为需要先选中可以被操作的对象，才能使用这个功能。

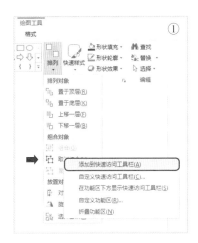

2. 如何删除已经添加的功能？

操作：右键点击需要删除的功能，在弹出的选项里选择"从快速访问工具栏删除(R)"。

3. 如何调整已添加功能的位置？

操作：在快速访问工具栏上面右键点击任意区域，选择"自定义快速访问工具栏(C)"；在弹出的窗口中，选中需要操作的功能，点击小三角，即可调整顺序。

4. 我们通常把哪些功能放到快速访问工具栏？

每个人习惯不一样，这里分享一些PPT中常用的功能，可以做参考。

① **对齐工具（★★★★★）：** 放在绝对核心、顺手的位置。

PPT里很重要的一个设计原则就是"对齐"，靠肉眼和右手，很难实现工整的对齐，对齐工具就解决了这个难题。

目前常用的8种对齐方式为左对齐、右对齐、水平居中、垂直居中、顶端对齐、底端对齐、横向分布、纵向分布。

② **布尔运算-合并形状（★★★★★）：** 鼠绘形状、文本矢量化必备。

布尔运算需要较高版本的PPT软件（2013版及以后），支持5种布尔运算：形状联合、形状组合、形状拆分、形状相交、形状减除，详见形状章节。

③ **层次排列（★★★★）：** 找到被遮盖的小元素。

层次排列包括置于底层、置于顶层、上移一层及下移一层。通常，我们使用置于底层、置于顶层这两个即可。

④ **组合工具（★★★★）：** 对整体进行缩放、移动操作的好帮手。

组合工具包括组合及取消组合。

⑤ **裁切工具（★★★★）：** 快速修剪图片。

几乎每个PPT都会或多或少地使用到图片，裁切工具使用频率还是很高的。

⑥ **旋转工具（★★★）：** 调整形状、图片等元素的方向。包括垂直旋转、水平旋转、向左及向右旋转90°。

⑦**选择窗格（★★）：** 在众多元素中，快速找到目标对象。

当页面元素非常多的时候，用选择窗格，可以精准找到目标对象。并通过对元素进行隐藏或者展现，实现快速便捷修改。如果平常做PPT时使用的元素不多，可以不添加这个窗格。

⑧ **截图工具（★★）：** 没有登录QQ、微信等软件时，可以凑合使用。

⑨ **动画窗格（★）**：调整动画属性。

如果动画使用很少，可以不添加。而且，工作型PPT除必须通过动画展现流程关系外，不建议添加动画。

三、对齐工具：最快速实现对齐

对齐方式目前包括8种：左对齐、右对齐、水平居中、垂直居中、顶端对齐、底端对齐、横向分布、纵向分布。

①选中需要对齐的对象　　②选择一种对齐方式　　③对齐后

绘图工具-格式选项卡/快速访问工具栏

操作：选中需要对齐的对象，在绘图工具-格式选项卡或者快速访问工具栏中找到想要的对齐方式，即可实现快速对齐。

除了对齐工具，我们还有其他参考工具。

①参考线　　　　　　　　　　②网格线

如何开启参考工具? 在顶部菜单栏视图选项卡中，勾选参考线、网格线。

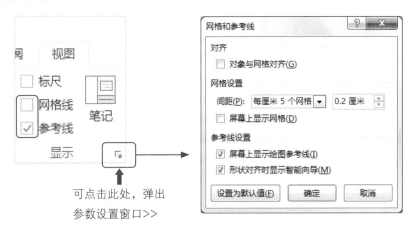

可点击此处，弹出
参数设置窗口>>

我们还可以按住Ctrl键，通过拉动已有参考线（拉动时，会有数值显示，作为参考），生成更多参考线（生成新的参考线后，记得先松鼠标，再松Ctrl键），设置效果如下图所示。

四、层次排列，让各对象藏无可藏

我们是否会遇到下列类似的情况。

这是因为两个图层重叠，上面的图层盖住了下方的图层。对于图层层次的概念，我们可以通过下面这个例子来简单了解。

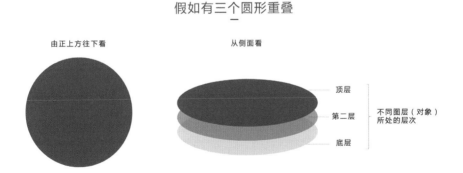

在PPT中，插入多个元素/对象，在非3D的情况下，我们通常只能看到最上方的元素（如上方左边示意）。当我们需要修改被遮盖的图层（对象）时，需要使用到层次排列功能。

通常，我们最常使用"置于底层"和"置于顶层"。因为图层多的时候，"上移一层"或者"下移一层"，不知道要移动多少层，才能找到自己想要调整的图层（对象）。

有两点需要注意：调整后，记得再次通过调整图层，复原之前的层次排列效果；图层（对象）特别多的时候，建议使用"选择窗格"。

试试层次排列功能

在左图圆形上点击右键，选择"置于底层"

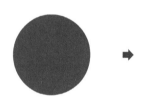

五、选择窗格：再多的图层也无惧

当图层少的时候，我们可以用层次排列工具；当图层多的时候，会是怎样的情况？我们通过一个图感受一下。

如何开启选择窗格？

①在快速访问工具栏里选择。

②在绘图工具-格式中找到选择窗格。

通过点击"眼睛/横线"小图标，可以隐藏/展现图层，暂时只展现需要调整的图层，操作起来很方便。同时，还可以通过拖动图层的顺序，来实现层次排列。

选择

全部显示　全部隐藏

椭圆 23
椭圆 22
椭圆 21
椭圆 24
椭圆 25
椭圆 26
椭圆 27
椭圆 31
椭圆 30

六、组合工具：放大缩小，不返工

有没有遇到这种情况，当我们完成排版后，再次选中所有对象进行整体放大、缩小的时候，排版又乱了，需要重新再次调整排版。

别急，组合功能将派上用场，轻松放大、缩小，不返工。

① 选中所有需要整体操作的对象。

② 进行组合。有四种方式：快捷键Ctrl+G，点击右键-选择组合，快速访问栏工具，绘图工具-格式-选择组合。

③ 放大/缩小。组合成功后，将鼠标放在组合后对象的一个顶角上，当鼠标变成双向箭头时，按住Shift键，并对整体对象进行放大或者缩小。

注意

① 该操作可以放大/缩小文本框，但对文本框内的文本大小无效，文本大小需要通过字号来调整。

② 组合及取消组合，会导致动画效果消失，如果有动画，请谨慎使用。

七、设置默认样式：减少重复操作

有没有发现，每次插入线条及形状的时候，都是系统默认的样式（有点丑的蓝色），还有默认的字体——宋体（这可能是很多人的PPT都使用宋体的原因）。而这些，导致我们每根线条、每个形状以及每个文本的字体，都需要一个个手动调整。

如何减少这些繁琐的、重复的操作？

1. 设置默认样式，适用于线条、形状及文本框

设置默认样式的操作很简单，也很实用，如果平常没有使用到，只能说是没有意识到这个功能的强大之处。

① 插入线条/形状/文本框，根据需要调整好格式。比如线条的颜色、粗细、实虚，形状的颜色、边框，文本框的字体；

② 在已设置好的线条/形状/文本框上，点击右键，选择"设置为默认线条""设置为默认形状"或"设置为默认文本框"。

2. 设置默认字体，每次快速套用

在打开PPT之后，我们首先可以做的是"设置字体"，后续就不需要再一个个文本框去修改默认的宋体。

设置默认字体的操作方式有两种。

方式一：

① 在顶部菜单栏"设计"选项卡中，点击"变体"功能区的下拉小三角，选择字体-自定义字体，打开设置弹窗。

② 在弹窗里，选择中文、西文使用的字体；设置完毕后，取个名称（按照字体取名即可，方便查找使用），点击保存。

③ 快速套用。在"变体"功能区的字体处，找到刚才保存好的字体名称，点击实现套用。同时，之后每次做PPT，都可以在此快速套用。

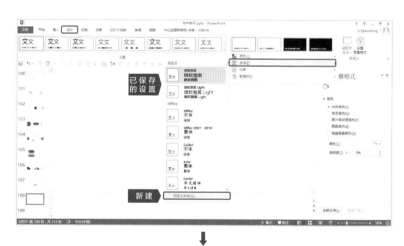

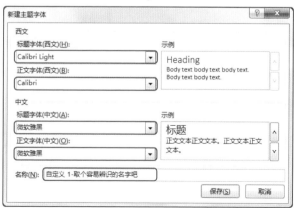

方式二：

① 打开幻灯片母版，视图-幻灯片母版，点击字体下拉框，选择"自定义字体"，打开设置弹窗；

② 在弹窗里，选择中文、西文使用的字体，也取个名称保存；

③ 快速套用。在设置字体的地方，可以找到刚保存的字体方案并套用。

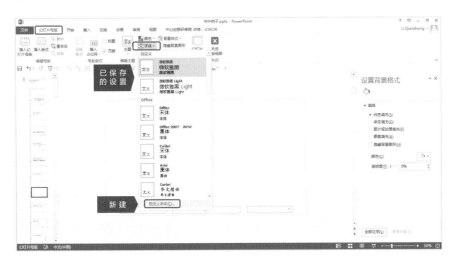

八、格式刷：哪里要改刷哪里

PPT里有两把刷子，很好用。一个是**格式刷**，在开始选项卡；另一个是**动画刷**，在动画选项卡。

 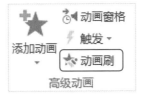

1. 它们有什么用途

格式刷： 快速将某个对象的设计效果，完美复制到另外的对象上去。不用苦苦地再进行一次同样的设计操作。

动画刷： 快速将某个对象的动画效果，完美复制到另外的对象上去。省时省力避免重复的操作。

2. 操作要点

① 先选中已经设置好的对象，点击格式刷或者动画刷，再点击目标对象，即可完成效果的复用。

② 单击格式刷或者动画刷，只能使用一次；再次使用，需要重复①操作；双击格式刷或者动画刷，可多次对目标对象使用，而不需要重复①操作。不需要使用时，按Esc键退出。

第二章

提升：
借技取巧，
让基础操作不简单

第一节　你需要知道那么多种字体吗

字体千千万万种，哪种更适合我们的方案，我们又能驾驭哪些？把握字体使用小技巧，解决这个超级大难题。

一、简单了解一下字体

字体的种类确实是非常多，大类如衬线字体、无衬线字体、艺术字体；艺术字体又有书法字体、手绘字体、钢笔字体等。面对这么多字体，对于工作型PPT来说，我们只要一个原则：清晰（特别是需要投影清晰）。

我们感受一下这几种字体，看看哪种更清晰。

特点：同一线段粗细不一
优势：文艺范
缺点：小字不清晰

特点：同一线段粗细一样
优势：清晰简约
缺点：普通

特点：样式多，并各具特色
优势：艺术范，有气氛
缺点：小字不清晰，特定风格使用

（小字效果）　（大字效果）

二、简单点：一种字体走天下

我们常说，一个PPT中不要超过3种字体。为了规范，也为了省事，我们再简单点。

使用一种字体，一种投影清晰的字体：微软雅黑。

更多好处提醒：不用考虑字体保存，不用考虑兼容性，不用纠结。

我们再看看无衬线字体和衬线字体的效果对比。

无衬线字体：更清晰

衬线字体：较难辨认

三、加一点装饰

① 如果想要丰富一些，或者贴合主题营造气氛，可以适当使用衬线字体或艺术字体，如使用在封面标题或者内页大字上，起到装饰、风格衬托的作用。

② 加点英文（对文中关键词/标题进行翻译）。

四、特殊字体的安装保存

1. 安装字体

① 找到已下载字体，右键选择安装。

② 直接复制到C盘字体文件夹，路径C：\Windows\Fonts，如果是压缩文件包，记得先解压。字体一般是.ttf（常见）或.ttc格式。

2. 保存字体

如果使用的是系统自带的字体，如微软雅黑、宋体、黑体等字体，无需进行字体保存操作，几乎所有电脑都有这些字体，不用考虑兼容性问题。但如果是自己安装的特殊字体，则需保存，以便在其他电脑上完好呈现。

操作路径： "文件" - "保存" - "将字体嵌入文件"。保存字体时有两个选择。

① 仅嵌入演示文稿中使用的字符（适于减小文件大小），更换电脑后进行文字修改，不会保留特殊字体效果。

② 嵌入所有字符（适于其他人编辑），更换电脑后编辑，可保留特殊字体效果。

👍 **如何识别/下载特殊字体？**

① 知道字体名称：百度搜索。

② 不知道字体名称，有图片：求字体网，http://www.qiuziti.com/支持上传图片，识别字体；也可以在上面搜索、浏览心仪字体。

第二节　字号，大小有规律

字号多大合适？

这个并没有统一标准，不同的投影环境、使用场合、内容的多少等，都会影响到字号的选择。

不过，在日常 PPT 中，我们可以遵循一些规则。

一、封面主标题，可大大大

根据页面可填写文字区域的大小，尽可能使得主标题比较明显，突显方案主题。主标题一般在40字号及以上，我们看看不同字号效果。

主标题：32号+加粗

主标题：40号+加粗

主标题：48号+加粗

主标题：60号+加粗

二、内页主标题，通常28～36号

内页主标题字号通常为28～36号，根据标题摆放的位置及长短，可以适当缩小到24号，但不建议再变小。我们看看不同字号的效果。

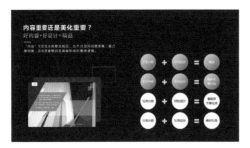

主标题：24号+加粗

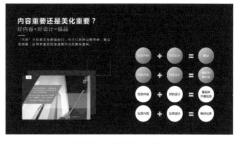

主标题：28号+加粗

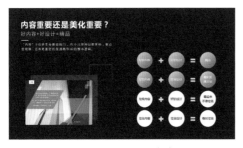

主标题：32号+加粗

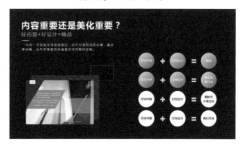

主标题：36号+加粗

注：可根据实际使用情况，进行相应的调整。如发布会所用PPT，因内容比较少，主标题字号会超过36号。

三、内页非主标题文字，通常12～18号

通常，内页非主标题文字为12～18号字，除装饰、备注作用的文字，正文页文字不建议小于12号，如果单页内容实在过多，可以精简内容或者分成2页，而不要一味地缩小字号。

正文中的小标题，可以选择16～18号，也可以放大到20号，但不要超过主标题的大小；如果有特别需要强调，或者是装饰型文字等情况，可以为关键词选择20号以上。否则，不建议随意放大，以造成重点不突出及排版不整洁。

效果示意

实际案例效果

正文主标题：32号+加粗

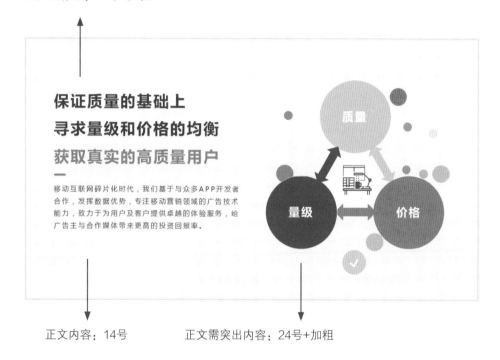

正文内容：14号　　　　　　正文需突出内容：24号+加粗

第三节　为什么你的PPT难以简化

面对辛辛苦苦码出来的内容，我们很多时候想全部放上去；

亦或是想要表达的内容太多，难以取舍而又不知道如何呈现，只好一起拥挤在一张版面上；

再或者是，Boss 要求必须保留，一个字都不能删除，该怎么办？

一、理解重点，懂得取舍

通常，如果我们不知道该如何删除、不舍得删除，多半是因为还没有抓住内容的重点。当我们明确知道想要表达哪些内容的时候，PPT就可以做到极大的瘦身。

所以，简化PPT最关键的第一步是：**清晰地知道想要表达的重点内容，删减其他看上去很需要的内容。**

最简单的例子，在做"个人介绍"PPT的时候，对于教育背景的介绍，我们可以按部就班从小学、中学、高中到大学，甚至到读研、读博、出国等逐一介绍，但对于听众而言，这些真的重要吗？我们往往只需要把最精华、最重要或者有趣的体现出来，比如最高级别的学习经历。

各种学习经历全填充　　　　　　　只填写最高级别的学习经历

注：若这些经历确有需要体现的部分，也可简化每段经历，或者分版面呈现。

二、明确使用场景/用途

在确定好重点内容之后，我们还需要知道做这份方案的用途：**是用来演讲，还是只供别人阅读？亦或是二者兼有？**

首先，了解一下，作为信息载体的PPT有哪些类型？

演讲型	混合型	阅读型
发布会	项目提案	行业报告
讲、字少	讲 + 看、字数适中	看、字多

当用来演讲的时候，
PPT通常是这样的 >>

（超精简，实际应用如苹果发布会）

当用来阅读的时候，
PPT通常是这样的 >>

（内容很多，实际应用如行业报告）

当二者兼有的时候，
PPT通常是这样的 >>

（内容适中，实际应用如工作汇报）

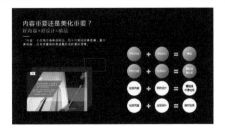

所以，简化PPT的第二步是：**明确使用场景，选择适合的表达风格。**

三、对重点内容进行提炼

1. 提炼内容，形成小标题

PPT作为一个辅助性表达和信息传递工具，主要是为演讲者提供演讲要点和方便观众迅速抓到重点。所以，即使我们在第一步已经梳理了重点内容，仍需要用"短小精悍"的小句来总结要点。

用途： 看小标题就能掌握主要信息；方便排版。

2. 删除不必要的内容

对于文字，做PPT和写WORD不一样！

PPT需要简洁地表达，所以很多文字内容是可以删除的；而且，删除后，并不会影响内容的传递。

通常，可以删除的文字内容有几种类型，这里引用"锐普PPT教程"的总结性内容。

① **原因性文字**　比如"因为""由于""基于"等表述原因的词语。但实际上，我们强调的往往是结果，即"所以""于是"后面的文字。所以，原因性的文字一般都可以删除，只保留结果性文字。

② **解释性文字**　比如一些关键词的冒号后、括号里，用于描述、补充、展开介绍的解释性文字。在PPT中，这些话往往由演示者口头表达即可，不必占用PPT的篇幅。

③ **重复性文字**　在Word中为了文章的连贯性和严谨性，我们常常使用一些重复性文字。如在第一段我们会讲"上海锐普广告有限公司……"，第二段我们还会讲"上海锐普广告有限公司……"，第三段可能我们还会以"上海锐普广告有限公司……"开头。这类相同的文字如果全部放在PPT里就变成了累赘，也是可以简化删除的。

④ **辅助性文字**　比如"截至目前""已经""终于""经过""但是""所以"等词语。这些辅助性文字，主要是为了让文章显得完整和严谨。而PPT需要展现的是关键词、关键短句，不是整段的文字，当然就不需要这些辅助性的文字了。

⑤ **铺垫性文字**　比如经常见到"在上级机关的正确领导下""经过去年全体员工的团结努力""根据去年年度规划"等语句。这些只是为了说明结论而进行的铺垫性说明。而在PPT中，这些只需要演示者口头介绍就行了。

第四节　文字要出彩，这里有妙招

做 PPT 总感觉文字单调，想出点彩怎么办？

这里有些简单实用的小操作。

在这一节，我们将实现渐变隐现、金属质感、层叠、镂空等文本效果。

一、这些文字特效，要少用

文字特效，既要从美观度上考虑，也得兼顾内容辨识度。好的文本特效很出彩，不恰当地使用特效后，效果往往比较糟糕。比如我们使用了这些特效。

文本+斜体

我加了斜体效果，你看我的时候，费劲么？

文本+下划线

我加了下划线，你看我的时候，简洁吗？

文本+阴影

我加了阴影效果，你看我的时候，模糊么？

文本+艺术字

我加了艺术字特效，你看我的时候，时尚么？

对于正文小字，我们要少用如上特效；对于标题大字，可以配合其他特效一起使用。下面介绍几种实用又简单的办法。

二、这些文本特效，简单却炫酷

我们常常看到很多厉害的海报图，上面的文字效果非常赞，想做确又担心不会Photoshop。这些效果我们在PPT中也可以做出来。

一起来学习以下几种文本处理方法。

1. 文本填充（非形状填充）

① 选中文本框，设置文本填充为白色。

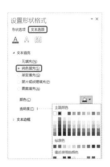

② 选中文本框，在文本选项里，设置文本填充为"图片或纹理填充(P)"，选择目标图片文件进行填充。

同理，还可以填充其他颜色和图片（如风景、建筑等）。

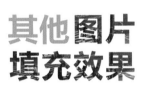

③ 选中文本框，在文本选项里，设置文本填充为"图案填充(A)"，有多种图案可供选择；同时还可以设置前景色（图案的颜色，通常设置为主题色/辅助色）及背景色（通常设置为幻灯片背景的颜色）。

④ 选中文本框，在文本选项里，设置文本填充为"渐变填充(G)"，通过渐变光圈设置渐变色；同时，还可以设置渐变类型及方向。案例使用的渐变类型是线性，方向为线性向下。

⑤ 渐隐字文本特效。

a. 将目标文本内容拆成一个字一个文本框（需要手动操作，每个文本框只输入一个文字），如图所示。

b. 选中所有已经被拆的单个文字，在文本选项里，设置文本填充为"渐变填充(G)"，渐变类型为线性，方向为线性向右；将两个渐变光圈都设置为白色，右端渐变光圈透明度设置为100%。

c. 在两个渐变光圈中间（约30%的位置）插入一个白色不透明光圈（点击鼠标左键），作为渐变停止点，保障文本内容的辨识度，不至于和背景融合太多；这一步非必须。

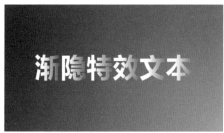

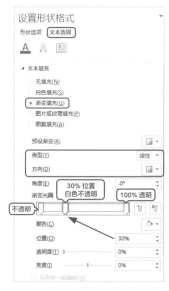

2. 文本重叠

利用文本重叠做出类似抖音故障字效果，示例没有进行故障处理（可借助形状的布尔运算及添加形状等制作）。

① 插入文本内容，并复制两次，分别填充青色和红色。

② 将白色文本内容置于顶层。在白色文本内容上点击右键，选择"置于顶层"。

③ 调整青色和红色文本内容的位置，保持一高一低（白色文本框内容居中）。

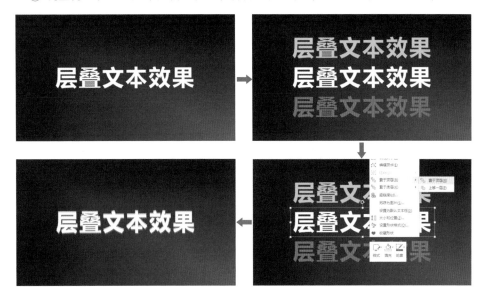

3. 文本拆解

这里需要用到形状的合并运算（布尔运算），将文字进行笔画拆解。形状的合并运算，还可以将使用了特殊字体的文本变成形状，进行保存（在少量使用特殊字体的情况下）。

① 插入文本内容，这里输入"拆分笔画"作为演示；并在文本内容周边任意插入一个形状。

② 同时选中文本内容和形状，在"绘图工具-格式"选项卡中，点选"合并形状-拆分"，这时候就可以得到被拆分之后的文字笔画（对于加粗、较粗字体及笔画相连字体，可能导致有些笔画不能被单独拆分）。

③ 删除多余的元素，并根据需要进行颜色、大小等调整。我们还可以借用拆分出来的笔画进行排版设计，文艺范满满。

我们还可以根据文字意思，替换一些笔画。

4. 文本 + 形状

① 镂空字。应用场景：封面、过渡页等。

② 插入一个形状（根据排版需求选择合适形状），覆盖在文字上方或者下方（通过右键，选择置于底层）。

③ 然后，选中形状，同时再选中文字，在"绘图工具-格式"选项卡中，点选"合并形状–剪除"。

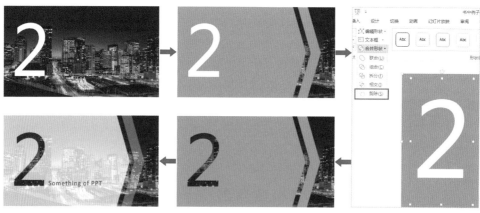

注：试试把背景图片换成视频，我们会发现这样可以制作动态字效果。

④ 素材装饰。我们还可以用图片、图标、线条、形状等对文字进行装饰，而不需要借助形状进行合并运算（布尔运算）。

草 + 〰 → 草　　花 + ❦ → 花

第五节　好的图片会说话

　　PPT 中永远少不了一个角色：图片。

　　好的图片会说话，但是什么样的图片是好图片？怎样找到好的图片？这一章节，我们来学习。

一、什么样的图片是好图

在PPT中使用图片有什么作用？

① 情景再现。比如文字难以说明、表达出来时，辅助理解。

② 烘托气氛。比如全图型PPT，国内手机发布会常用图片引导气氛。

③ 版面装饰。内容不够，图片来凑，如文字较少、版面单调时候。

如何选择好的图片，有几个参考标准。

不影响内容呈现　　　　与风格相搭配　　　　与内容相关联
图片清晰、无水印　　　构图合理、非剪贴画　　有场景、激发联想

我们通过看几个案例，更直观感受这些标准。

哪张图更实用？

我们用这两张图，分别制作一个封面。很明显，第二张图比第一张更能呈现内容，更实用。

再看个例子，左图用的剪贴画，右侧用的摄影图，哪个更加美观大方？所以，在工作型PPT里，我们要避免使用剪贴画这种图像。

当然，我们也可以要求再高一些，找一张更具故事性的图片。

二、图片的基本操作

双击选中图片后，我们在顶部菜单栏可以看到如下图所示的功能区——图片工具-格式选项卡及提供的功能操作。

下面结合截图，对常用功能操作，进行简单说明。

1. 调整

主要实现在PPT里对图片的亮度、颜色、背景及艺术效果的处理，另外，还可以压缩图片以减少PPT文件的大小（如果需要保持高清的图片，请勿压缩）。

① 删除背景。

自动识别删除图片中某些区域，可以快速对一些轮廓简单的图片抠图；需要结合手动增加/删除标记，来调整需要保留/删除的区域。

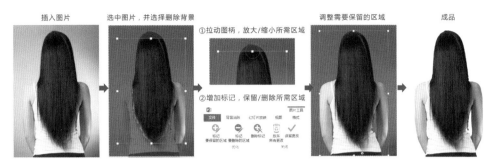

插入图片　　选中图片，并选择删除背景　　①拉动图柄，放大/缩小所需区域　　调整需要保留的区域　　成品

② **设置透明色。**

可以快速去除纯色背景，获得抠图效果；方便将图片放置在不同的背景上而不会突兀。

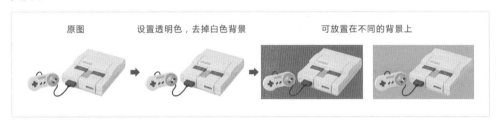

原图　　设置透明色，去掉白色背景　　可放置在不同的背景上

操作：选中图片，在图片工具－格式选项卡中，点击颜色下拉倒三角，选择"设置透明色 (S)"；然后点击图片的白色区域，去除白色背景。

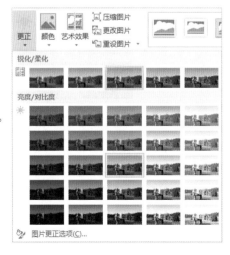

③ **更正。**

调节图片的亮度、对比度、锐化/柔化程度。

④ **颜色。**

调节图片的颜色风格，可快速实现图片风格的统一；获得黑白风格的图片效果。

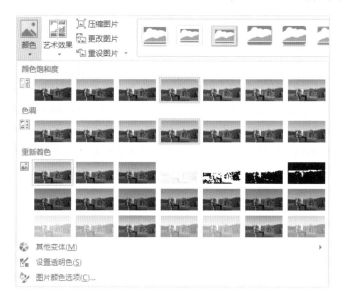

⑤ **艺术效果。**

22种艺术效果，包括虚化、粉笔素描、蜡笔平滑等。

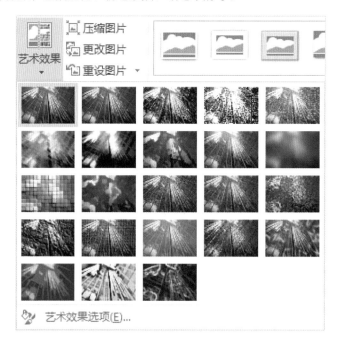

⑥ **压缩图片**。选中需要压缩的图片，可进行压缩图片操作。

⑦ **图片更改**。可以保留当前的样式设置，进行图片替换。

⑧ **重设图片**。还原图片至设置前的状态。

2. 图片样式

① **图片效果**。提供多种效果样式，快速套用。

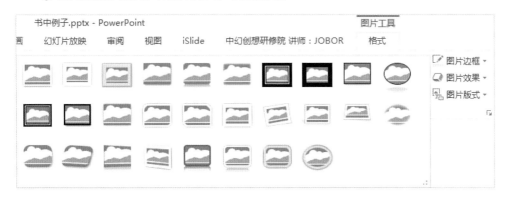

另外，点击"图片效果"下拉倒三角，还可以设置阴影、映像、发光、柔化边缘、三维格式及三维旋转的效果。

② **图片边框**。点击下拉倒三角，可以设置图片边框。

③ **图片版式**。通过Smartart图形，进行图片版式的快速套用。

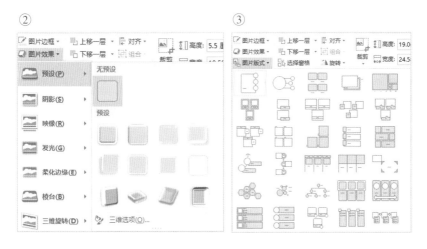

3. 大小

① **图片裁切**。对图片尺寸进行调整；裁切为所需的形状（圆、不规则形状等）；按一定尺寸比，快速裁切等。

② **图片高度、宽度调整**。手动输入数值，进行尺寸调整。

4. 图片拉升变形，怎么办?

这是由于没有等比例放大缩小图片造成的，有两种操作方式可避免。

方式一： 选中图片，按住Shift键，将鼠标移动到图片的一个小角，当鼠标变为双向箭头时候，拉动图片，进行放大、缩小操作。

方式二： 在图片高度、宽度处，输入其中的一个数值，同时确定已经勾选"锁定纵横比(A)"，即可实现对图片的等比例放大、缩小操作。

5. 如何防止高清图片保存后，变模糊？

点击界面左上角"文件"，并点击"选项"，在弹出的窗口中，进行如下图所示的设置［高级-勾选"不压缩文件中的图像(N)"］。

三、图片的常见应用

1. 巧用图片留白

留白，不是指白色区域，而是指图片中存在元素较少、除了背景几乎没有多余画面的区域。

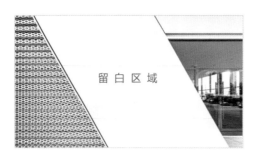

2. 巧用遮盖

① 半透明色块。

插入矩形，覆盖图片，填充为黑色，半透明度设置为30%～50%。也可使用不透明色块，对局部进行遮盖。

直接使用图片　　　　　　增加半透明色块/蒙版　　　　　增加半透明色块/蒙版

② **渐变+透明。**

插入矩形，完全覆盖图片，调整为渐变色填充。选择一种渐变方式（案例为射线渐变，从左上角），并设置第一个渐变光圈为黑色不透明，第二个渐变光圈为黑色100%透明。同时，适当拖动第一个光圈的位置，至能余出较多留白区域，用于填写内容。

直接使用图片　　　　　　　　　　　增加渐变、透明色块

3. 图片半透明处理

类似上文半透明色块的处理方式。我们用图片填充形状（色块），然后再调整形状的透明度，即可实现对图片的半透明处理。

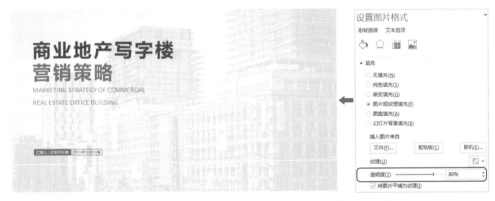

注意：形状与图片尺寸比一致，以免图片填充后变形或者显示不全。

4. 小图使用技巧

有时候找不到高清的大图，我们该如何做？

① **巧用图片虚化效果。**

选中图片，对图片进行艺术处理，选择虚化效果（可以制作毛玻璃背景效果）；然后，在虚化的图片上，增加一个半透明黑色色块；最后，再次添加这张图片，加上边框，并填充内容。

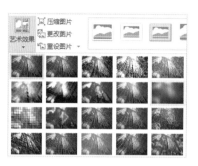

② **巧用样机**（借助电脑、手机等作为图片容器）。

增加一张电脑/手机等设备的图片（PNG格式的图片或者矢量图），并将图片置于上方，制造图片填充在样机里的效果。

③ **图片+形状/线条。**

在图片周围增加形状、线条等元素。

④ **图片异形。**

通过将图片裁剪为形状，或者用形状填充图片，获得图片异形效果，让版式更富有创意。

⑤ **小图组合。**

可以将多张小图组合在一起，织成一张大图；另外，还可以将多张小图进行不规则排布。

详见表格章节分享的表格图片应用，表格是小图片组合使用的利器。我们可以直接单元格填充图片，也可以以表格作为布局参考，手动摆放。

还可以按照一定的排版规则，进行纯手工打造。

5. 一图多用

将一张高清好图的不同区域裁切出来，可以作为多张图片使用，不浪费一张好图资源，既省去找多张图的精力，也可以保持图片风格统一。

四、如何找到好的图片

1. 搜索引擎

在不考虑商业版权的情况下，搜索引擎是一个非常好用的工具。我们需要注意的是，要多使用几种方式去进行搜索，以便获得更好的搜索结果。

① 搜索关键词。

关键词搜索图片的关键，我们可以从以下几个方面入手。

直接搜关键词： 比如"成长"；

关键词的近义词/相似词： 比如"发展""生长""励志"等；

关键词的英文： 比如"grow"；

关键词的联想词： 与词的含义、人、事物、场景等联系在一起，获得新的词进行搜索。比如"攀登""小草"等；

关键词的组合词： 加上一些通用词，比如"成长创意""成长壁纸""成长商务"等，还有"炫酷""深色""PNG"等。

② 搜索引擎自带的筛选项。

这些筛选项，也可以帮助我们更快地搜索想要的图片。

我们先看看百度的图片搜索提供哪些筛选功能。如下图所示，包括高清、动图、尺寸及颜色选项。

我们再来看看微软的搜索引擎"必应"，一片新天地即将展开。

看截图，有没有感觉到筛选器特别强大，图片很精美。必应的图片搜索有两大功能。分为国际版、国内版搜索。可以选择尺寸、颜色、类型、版式、人物、日期、版权。而且用尺寸筛选后，图片上明确显示尺寸大小，非常贴心。

当我们千辛万苦找PNG透明图片的时候，请不要忘记它——必应图片搜索的类型筛选功能。

当我们时常担心图片版权的时候，请不要忘记它——必应图片搜索的授权筛选功能。

2. 专业图片网站

除搜索引擎外，还可以在专业图片网站获取图片。推荐几个免费的国外图片网站，质量很高。

① 五星推荐，小编经常用：Pixabay.com

② Unsplash.com（图片超多）

③ Pexels.com（图片超多）

④ Wallhaven.cc（壁纸级别）

⑤ Gratisography.com（创意夸张）

更多见最后素材资源章节。

第六节　形状，让PPT更具设计感

形状，是 PPT 中最常见也是最常用的功能之一；几乎每个 PPT 中都会使用形状。特别是在扁平化、杂志风格 PPT 当中，形状（色块）十分常见。

一、使用形状，需要了解的基础

在PPT中使用形状，通常有什么作用？

① 规整页面内容，减少信息杂乱，辅助体现内容层次。

② 装饰美化排版。版面太单调？试试加个形状。

常见形状类型，我们可以做个简单划分，以便在使用的时候可以更好地讲解。

按是否填充形状，分为实心型形状（通常称为色块，有时候也会被称作蒙版）和线条型形状（也可以作为闭合型线条）；

按是否透明，分为半透明形状和不透明形状；

按填充的颜色，分为纯色形状和渐变形状；

按是否为系统基础形状，分为规则形状（圆形、正方形、三角形等）和不规则形状（主要指任意多边形，一般通过鼠绘、图形改造而成）。

实心 | 纯色 | 规则　　　线条型 | 规则　　　半透明 | 规则　　　渐变 | 规则　　　渐变[1]不规则

使用形状，需要注意哪些?

① **不要变形**，避免正圆、正五边形、六边形、五角星等形状变形。

② **不要使用默认样式**，通常系统默认样式是一种有点难看的蓝色不透明形状。

③ **尽量少使用较为卡通的形状**，比如爆炸形、云形、旗帜等。

正圆 | 未压扁变形　　椭圆　　　默认样式　　默认样式 | 云形　　爆炸形 | 压扁变形

注：如何防止变形？插入形状的同时，按住 Shift 键即可。

二、形状的基础操作

1. 插入形状

在顶部菜单栏"插入"选项卡，点击形状下拉倒三角，可以看到系统提供了很多标准形状类型。除此之外，还有两个自定义的形状类型：任意多边形和自由曲线。点击一个形状类型，就可以在PPT中进行绘制。

任意多边形，随意绘制不规则形状
自由曲线，随意绘制线条

2. 形状的设置

① 顶部菜单栏"绘图工具-格式"选项卡功能区。

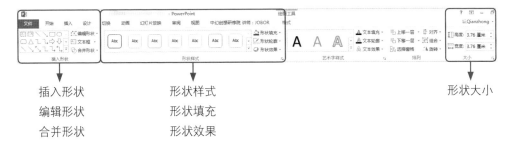

插入形状　　　　　　　　形状样式　　　　　　　　　　形状大小
编辑形状　　　　　　　　形状填充
合并形状　　　　　　　　形状效果

② 右侧设置菜单栏（选中形状点击右键，选择"设置形状格式"）。

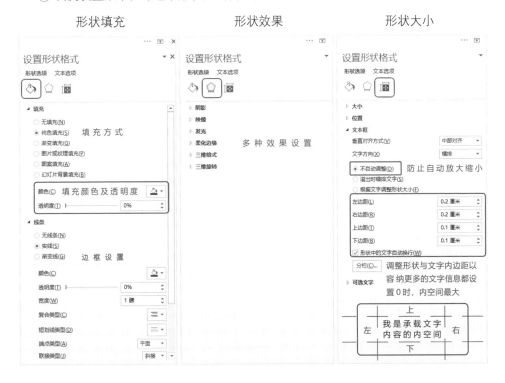

三、形状的高阶操作

1. 编辑顶点-制作不规则形状

随意插入一个形状（示例为三角形），并选中形状，点击右键，选择"编辑顶点(E)"；这时候，我们可以看到多个小黑色方块的顶点，当我们点击选中某个顶点时，会出现两个"控制柄"；通过拖动控制柄的角度和长度，可以改变形状的弯曲弧度。

① 插入基础形状　② 右键 – 编辑顶点　③ 拖动控制柄，调节顶点弧度

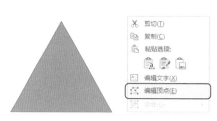

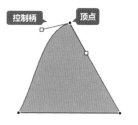

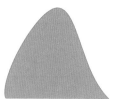

在顶点及边缘线条的任意一处点击右键，会弹出如下菜单选项，我们可以添加/删除顶点、开放路径（将封闭线条转成开放线条），还可以选择不同的顶点类型，包括平滑顶点、直线点及角部顶点。

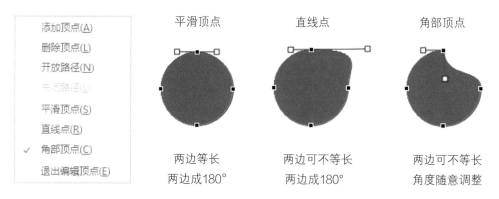

综上，根据不同顶点的特点，我们可以在不同情况下选择使用。

① 如果需要平滑的曲线，使用平滑顶点、直线点；

② 如果需要折线效果，使用角部顶点。

另外，不同顶点之间，可以随意切换。

2. 布尔运算

对两个及两个以上的对象（包括文字、形状及图片）进行合并形状的操作，即为布尔运算。

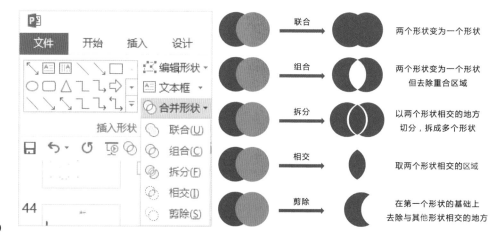

实际应用：做个简单的扁平化手机图标

原材料：圆角矩形+长方形+圆形

① 将b置入a上方，并进行上下居中、左右居中对齐；依次选中a、b，在绘图工具-格式选项卡中选择"合并形状-剪除(S)"，得到镂空的形状。

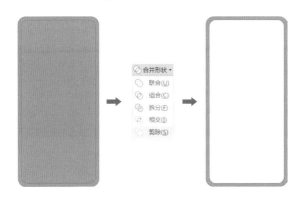

② 将c置于d上方一半的位置；依次选中d、c（注意先后顺序），进行"合并形状-剪除(S)"操作，得到新的形状。

注：也可以直接通过插入同侧圆角矩形获得。

③ 将e、f形状，置于第②步得到的同侧圆角矩形上方，适当调整位置，依次选择同侧圆角矩形、e、f，进行剪除操作。

④ 将第①步得到的形状和第③步得到的形状摆放在一起，选中两个形状，进行"联合"操作，得到新的形状；然后，修改填充颜色，并去除边框。

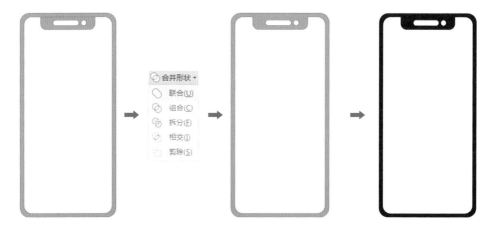

四、形状的常见应用场景

1. 内容分区

利用形状，从视线上快速区分不同内容模块（比如不同的观点内容）。

2. 内容容器

将文字、图标、图片等，用形状（通常为圆形、矩形）作为底纹进行承载，利于规整内容，获得更佳的排版效果。

注：使用圆角矩形时，建议通过拉拽小黄点，将圆角调节成接近直角，视觉上会更精致。

 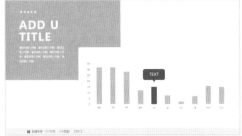

3. 美化装饰

对于排版，形状是很好的装饰元素，可以使得一个本来很平淡的页面变得丰富。形状可以是实心型、线条型、图案填充、纯色填充、渐变填充、半透明效果等搭配使用。

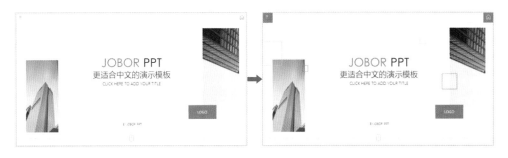

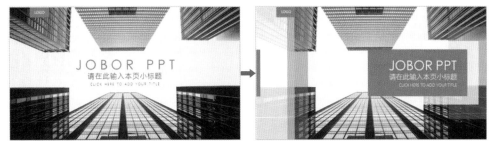

4. 图片处理

① **色块遮挡**。通过渐变+透明效果，遮挡图片部分区域制造留白效果，或图片尺寸不足以覆盖整张幻灯片时用以补充。

同时，通过此处理，还可以制造留白区域，便于文字内容的呈现。

② **降噪**。减少图片对内容的干扰。通常在较为复杂的图片上方，增加一个完全覆盖图片的半透明色块，或者局部遮盖纯色/半透明色块。

整张覆盖半透明色块　　　　　　　　局部遮盖色块

③ **图片半透明效果**。将图片填充在形状里，调节形状填充的透明度。

④ **图片异形**。先制作一个不规则形状，然后选择图片填充。

⑤ **图片填充形状组合**。利用形状组合成一个新的形状，用图片填充组合（见下节形状组合的操作）。

5. 形状组合

① 组合成特殊形状，用图片填充，获得图片被分割的效果。

实例操作：插入一个圆角矩形，拉动小黄点，使得两端变成半圆，并去除边框；复制多个圆角矩形，上下错开摆放；之后，选中所有圆角矩形，利用对齐工具，选择横向分布，保证各圆角矩形间的间距相等；选中所有圆角矩形，按Ctrl+G进行组合，然后选择图片填充，得到图片被分割的效果。

② 组合成关系图表，辅助PPT内容的逻辑结构表达。利用不同形状排列，组合而成。

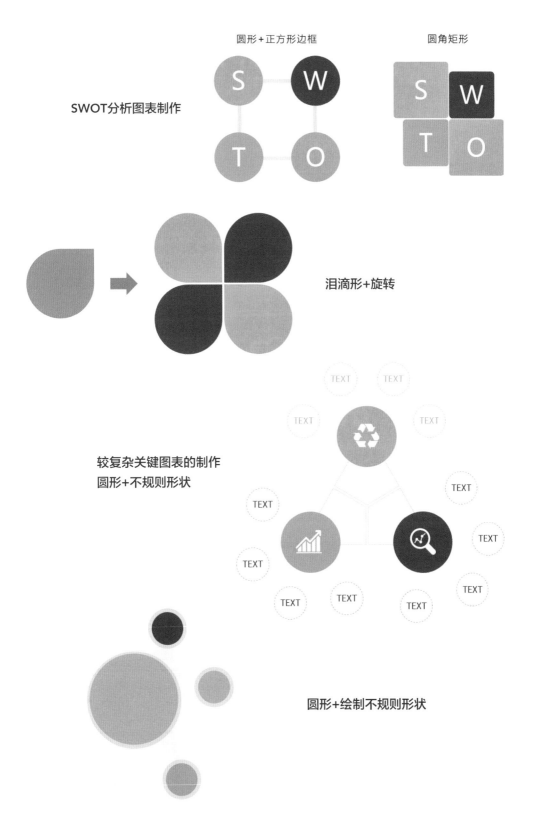

圆形+正方形边框

圆角矩形

SWOT分析图表制作

泪滴形+旋转

较复杂关键图表的制作
圆形+不规则形状

圆形+绘制不规则形状

第七节　PPT中小图标，你用好了吗

几乎所有的 PPT 中都会使用到图标。

我们通常的操作，可能还只是复制、粘贴，这些就够了吗？

如何更好地使用小图标，为 PPT 添砖加瓦？请看本节。

一、认识小图标的常见类型

小图标作用：让内容表达图形化，不单调。

常见的小图标可按文件格式、填充类型和风格类型不同进行分类。

① **按文件格式进行划分**。常见有PNG格式、ESP格式及SVG格式。其中，PNG为免抠透明图，劣势为不可更改颜色，放大会模糊；后两种为矢量格式，ESP可直接粘贴到PPT中使用，SVG需经过AI软件进行转换。

② **按填充类型划分**。通常有线条型图标、实心型图标。

③ **按风格类型划分**。有手绘类型、长阴影、3D、拟物等。

二、小图标的使用规范建议

小图标在使用时有两个点建议需要遵循：**统一性和相关性**。

1. 统一性

① **大小统一**。可以用参考线作为尺寸衡量，不同小图标的视觉大小不同，还可以参考小图标的面积大小做一定的视觉效果调整。

② **类型统一**。比如皆为线条型或实心型，不要两种混在一起使用。

③ **颜色统一**。除多彩风格，避免为小图标使用多种颜色，建议使用主题色或辅助色。

④ **风格统一**。不要多种风格混在一起使用。

另外，如为线条型图标，请尽量保持线条的粗细一致。

2. 相关性

每个小图标都有对应的实物类型或者说含义，在选择小图标的时候需要贴合文字表达的意思，不要为了使用小图标而使用；当然对于一些通用型的小图标，也可以在没有合适的小图标时，拿来救场。

三、常见小图标装饰方式

1. 增加线条边框

圆形-细线　　圆形-虚线　　圆形-粗线　　圆角矩形-细线　　方形-虚线　　不规则-粗线

2. 增加色块底纹

圆形　　　圆形　　　圆形　　圆角矩形　　方形　　　不规则

3. 增加线条边框和色块底纹

外框线　　内框线　　偏移　　内框线　　外框线　　偏移

四、常见版式应用

充当封面元素　　　　　　　　　　充当封面元素

目录装饰

目录装饰

过渡页装饰

过渡页装饰

内容图形化表达

内容图形化表达

以图标组成图案装饰

以图标组成背景装饰

填充数据图表

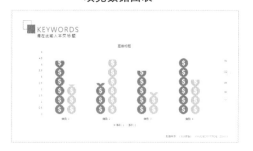

装饰数据图表

装饰流程图

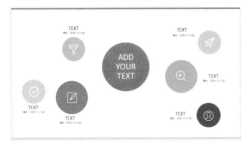

装饰时间轴

五、如何找到小图标

小图标素材网站有很多，推荐几个实用的。

① 阿里巴巴图标库，非常丰富：www.iconfont.cn

② Easyicon，搜索图标：www.easyicon.net

③ PPTstore，PNG格式：www.pptstore.net/icon

④ YOppt，PPT文件：www.yoppt.com

第八节 你的线条和边框为什么那么丑

　　线条，和形状一样，是 PPT 中常用的元素之一；甚至我们可以只用线条来美化PPT。

　　那么，在 PPT 中，你是怎么使用线条的？在这一节，让我们来认识常用的线条。

一、线条有哪些类型

　　按曲直划分，线条可以分为：直线、曲线。

　　按实虚划分，线条可以分为：实线、虚线。

　　按粗细划分，线条可以分为：粗线、细线。

　　按闭合划分，线条可以分为：开放线条、封闭（闭合）线条。

　　按指向划分，线条可以分为：有箭头、无箭头。

　　按线型划分，线条还可以分为：双线、三线等。

直线　　曲线　　虚线　　虚线　　粗线　　粗线　　开放　　封闭　　箭头　　箭头　　双线　　三线

二、线条的基本操作

1. 线条插入

① 在顶部菜单栏"插入"选项卡中，点击形状的下拉倒三角，我们可以选择多种类型的线条。

② 我们还可以插入其他闭合形状，比如圆形、矩形等，并将其设置为"形状填充-无填充颜色"，但保留边框，获得封闭线条。

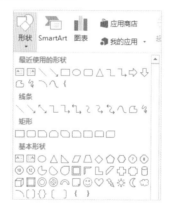

2. 线条的设置

插入线条，右键选择"设置形状格式"；在弹出的右侧菜单栏中进行相应设置，如下图示意。

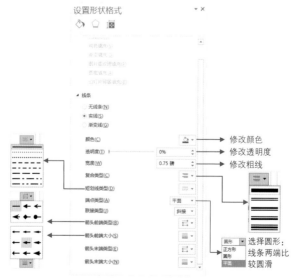

三、线条的高阶设置

1. 渐变+透明

如下图示例中，中间的两条横线，即为渐变颜色+透明的效果。

操作：插入直线，设置线条为渐变线；渐变类型选择为"射线-中心辐射"，第二个渐变光圈设置为100%透明，实现线条两端与背景融合。

2. 波浪纹效果

右图封面主要装饰元素即为线条组成的波浪纹理，再加上半透明效果，减少与背景的冲突，就形成了一张非常好看的封面图。最后，配上文本内容及小图标。

如何制作波浪纹效果？

从图中可以看出，波浪纹是由很多个三角形（闭合线条）旋转叠加组成。

插入三角形的闭合线条很简单，难点在于如何在旋转后完美地叠加。很明显，靠鼠标很费劲，所以，推荐一个好用的PPT插件工具iSlide。

具体操作如下。

① 插入一个三角形，只留边框填充；

② 复制三角形，适当移动一点位置；

③ 旋转复制后的三角形；

④ 依次选中第一个、第二个三角形，在iSlide工具栏中选择"补间动画"，并在弹出的窗口中设置帧数为20帧；

⑤ 选择所有的三角形，在动画窗格中删除所有动画（或通过组合，快速实现对动画的删除，也利于整体放大缩小）。

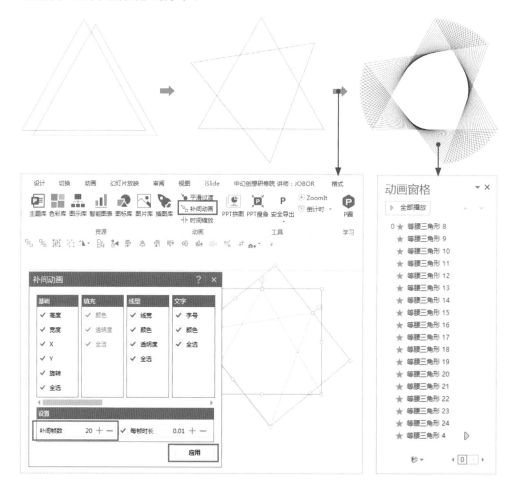

四、线条的常见应用

线条在幻灯片里常见的作用有**信息区隔、信息连接、视觉引导（解释说明）和美化装饰**。

1. 信息区隔

还记得排版原则章节分享过的"亲密性原则"吗？我们也可以借助线条对不同的内容进行区隔，使得相关的内容能够更明显地聚拢在一起。

信息区隔，可以便于不同类别的内容呈现以及梳理整个版面。

闭合线条区隔　　　　　　　　　　　渐变线区隔

2. 信息连接

利用线条可连接不同内容，表现出先后顺序或者层级关系，常见于时间轴、流程步骤及组织架构等。

 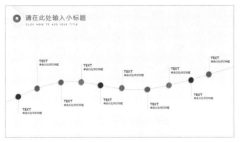

3. 视觉引导（解释说明）

用线条将视线从图片、图案、形状等对象引导至内容处，以便于更好地与内容形成关联，更快地帮助读者获取到我们要表达的内容。

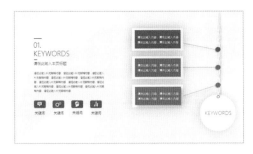 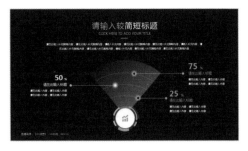

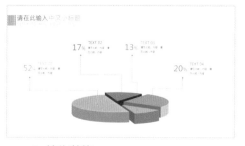

4. 美化装饰

与内容没有实际关系，只是为了让版式不单调、更好看。

第九节　数据图表美化，如此简单

精美的数据图表让作品十分高大上，对比作品中平庸的图表，只能黯然伤神。

其实，我们距离精美的数据图表，就只差了一个小技巧。

一、怎样算是一个完整的数据图表

通常，数据图表包括以下5大部分。

① **标题**。让听众一眼就明白讲述主题是什么，表明观点。

② **单位**。明确数据维度。

③ **图例**。说明每组数据分别代表什么。

④ **数据来源**。有据可循，增加公信力。

⑤ **注释**。重大事件或特殊说明，解释对某些数据的影响。

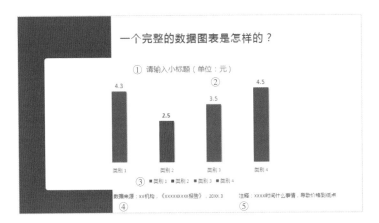

二、选择合适的图表办正确的事儿

不同的数据图表，适合的场景会有些不一样，比如，表达份额占比，用饼图；表达销量上涨、下降趋势，用折线图等。

我们先看看，PPT中自带的数据图表类型有哪些。

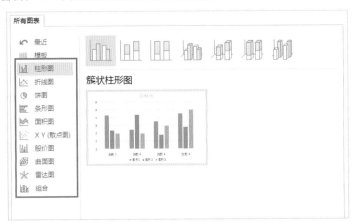

注意： 为防止数据图表的源数据丢失，导致PPT后续无法再次编辑数据，请直接在PPT中插入数据图表，之后再编辑数据；而不要从Excel中复制生成的数据图表到PPT中。

1. 饼图

饼图

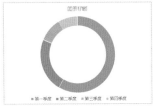

圆环饼图

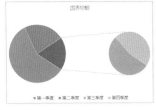

复合饼图

饼图常用于表现数据的占比关系，有饼图、圆环饼图、复合饼图（复合饼图中扇形数量过多时，将数值较小的若干项合并为其他类，在二级图表中表现）等类型。

饼图的使用有以下注意事项。

① 总和为100%，最适合表达单一类型数据下的部分与整体的关系。

② 数据要从大到小排列，最大的从12点位置开始。

③ 数据项控制在5项左右。若超过5项，较小数据项列在一项，再分二级图表呈现。

④ 尽量不使用爆炸式图表，如需强调可分离一块，不宜分离多项。

⑤ 标签直接标在扇区上或旁边。

2. 柱形图

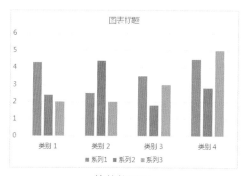

簇状柱形图　　　　　　　　　　　　堆积柱形图

柱形图常用于比较两个或两个以上的值，常见的类型有簇状柱形图和堆积柱形图。

簇状柱形图（可单系列）：强调一组数据内部的比较。

堆积柱形图：强调一组数据中部分与整体的关系。

柱形图使用的注意事项如下。

① 分类标签文字过长时，可使用条形图，以免标签文字变成斜排。

② 在单一系列时，可以填充不同颜色，突出某个数据；但多系列数据时，同一数据项（系列）不应使用不同的颜色进行填充。

3. 条形图

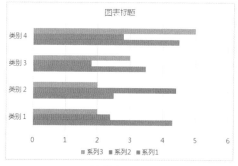
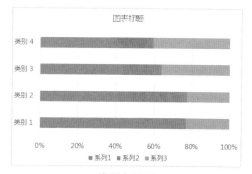

簇状条形图　　　　　　　　　　　　堆积条形图

条形图常用于比较两个或两个以上的值，常使用的有簇状条形图和堆积条形图。

簇状条形图（可单系列）：强调一组数据内部的比较。

堆积条形图：强调一组数据中部分与整体的关系。

条形图使用的注意事项如下。

① 数据要从大到小排序，最大的在最上面。

② 在单一系列时，可以填充不同颜色，突出某个数据；但多系列数据时，同一数据项（系列）不应使用不同的颜色进行填充。

③ 标签非常长时，可放在条形图柱的中间。

4. 折线图

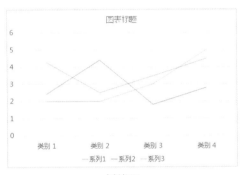 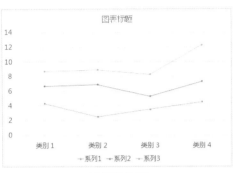

折线图　　　　　　　　　　　　　　　　堆积折线图

折线图常用于强调数据的变化趋势，常使用的有折线图和堆积折线图，又分为带标记和不带标记。

折线图（带标记或不带标记）：显示一组或多组数据波动的情况。

堆积折线图（带标记或不带标记）：显示多组数据波动的情况。

折线图使用的注意事项如下。

① 不要放太多线条，以免杂乱，必要时分开做图表。

② 多个数据叠加时（堆积图），可以使用面积图。

③ 可不使用图例，直接标在曲线末端。

5. 组合图

常见的组合图为柱形图+折线图，用于展示数据对比和变化趋势。

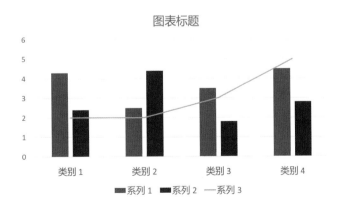

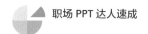
6. 雷达图

雷达图用于对多个变量进行综合分析。

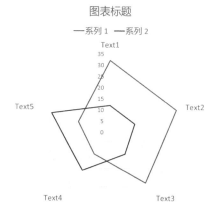

三、数据图表的美化技巧

1. 饼图

① **修改颜色**。通过双击选中某一扇区，修改填充的颜色即可。

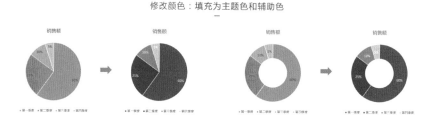

② **图片填充**。根据数据标签，可选择相应的图片，如蔬菜销量，分别找不同的蔬菜图片，用于填充数据图表。

双击选中某一片扇区，然后在右侧设置菜单栏里，选择"图片或纹理填充(P)"，找到对应的目标图片文件，进行填充。

注意： 为防止填充变形，需保障图片的尺寸比例为1：1。

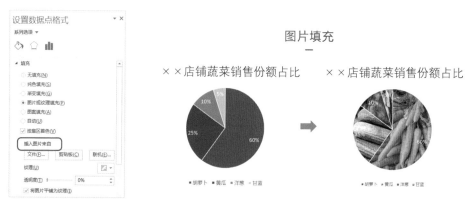

数据不明显？ 试试给数据标签加个底色，或者换个位置。

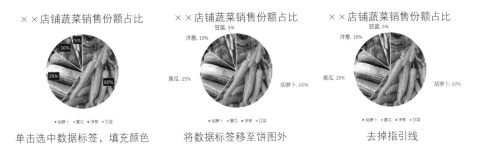

| 单击选中数据标签，填充颜色 | 将数据标签移至饼图外 | 去掉指引线 |

右侧图与中间图相比，去掉了指引线，更美观。

如何设置？ 双击数据标签，打开右侧设置数据标签格式菜单栏，进行如下设置。

③ **部分无填充。**

部分无填充通常适用于只表达一个数据项，多个数据项用多个饼图呈现。操作：通过双击选中某一扇区，将填充设置为无填充即可。

④ **加点装饰**（形状、线条、图标等）。

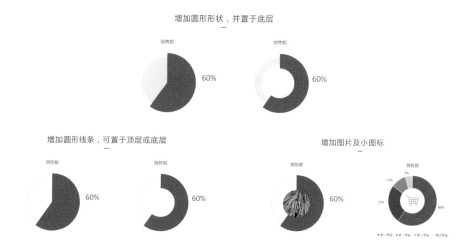

⑤ **突出扇区。**

双击选中需要突出的扇区，在右侧菜单栏中调节"点爆炸型(X)"的数值，可突出图表的某一扇区。

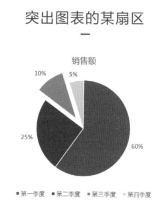

⑥ **缩小圆环宽度。**

选中图表，在右侧菜单栏中调节"圆环图内径大小(D)"的数值，可缩小圆环宽度。

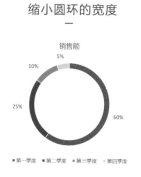

⑦ **3D旋转饼图。**

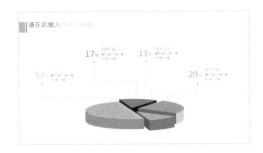

饼图还可以这样用。

在饼图底层增加渐变圆形+渐变线条   修改颜色+增小图标

⑧ **多个圆环层叠**。

多个圆环层叠操作如下。

a. 插入圆环数据图表，在图表上点击右键，选择编辑数据-在Excel中编辑数据；

b. 在打开的Excel界面中，输入数据即可生成圆环图；

c. 关闭Excel，显示默认的图表样式，我们可以更改颜色，并且将不需要展现的扇区填充为"无填充"，得到想要的效果。

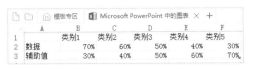

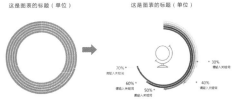

注："数据"行是有颜色填充的扇区，"辅助值"行是无填充的扇区。

⑨ **数据很多，用复合条饼图或复合饼图，获得更佳展现。**

复合图表操作如下。

a. 选中图表，在图表设计-工具选项卡里，点击"更改图表类型"，选择复合条饼图或复合饼图（示例中使用后者）；

b. 同时，还可以对复合饼图进行相关设置，包括小饼图的大小及扇区数量等。

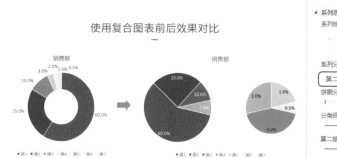

使用复合图表前后效果对比

2. 柱形图与条形图

① 颜色填充。

选中更改颜色填充。任意单击某个系列选中图表的全部柱形/条形，双击选中图表的单个柱形/条形；右键点击数据条，可添加数据标签。

删掉横线及Y轴数据，修改颜色为主题色和辅助色

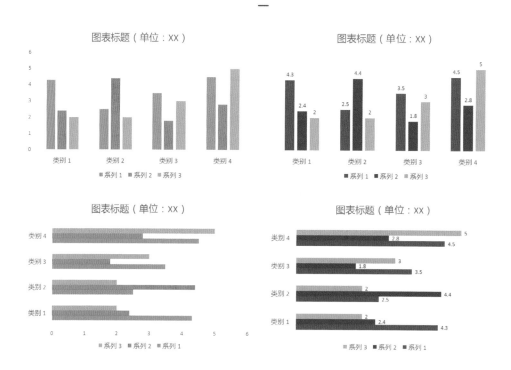

② **图案填充。**

更改柱形/条形的填充方式为图案填充，然后选择相应图案及设置前景色（与主题色/辅助色相同）、背景色（与背景相同）。

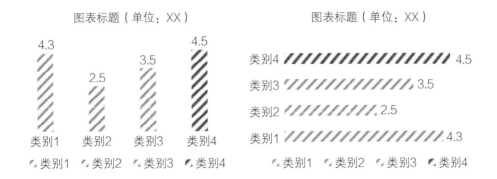

③ **只留边框。**

设置柱形/条形的填充方式为无填充，线条为实线，然后分别设置边框的线条颜色，得到只留边框的图表。

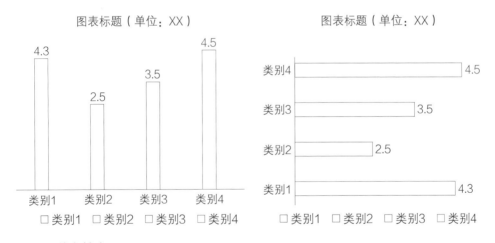

④ **线条填充。**

复制线条或者形状，点击选中条形/柱形（单击该系列任意一数据条，则全部选中所有数据条；双击某个数据条，则单独选中），然后使用组合键"Ctrl+V"进行粘贴，得到线条填充图表。

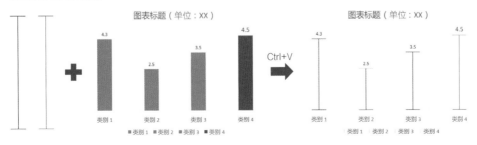

线条太宽，需要把宽度缩小，怎么办?

选中数据图表，在右侧菜单栏中，按如下设置调整。

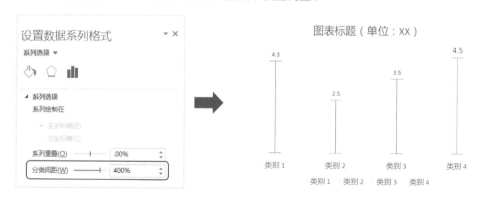

同理，可以对条形图进行操作。

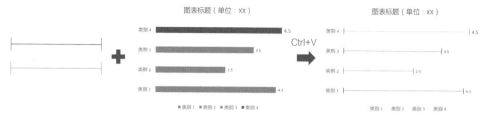

⑤ **形状填充。**

操作方式同线条填充。

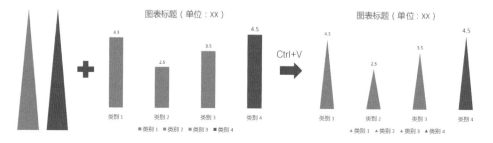

⑥ **图标/图片元素填充。**

操作方式同线条填充。

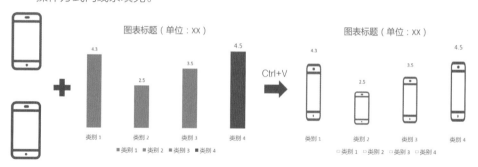

图标变形了，怎么处理？

选中数据图表，在右侧菜单栏中，按如下设置调整。同理，可对条形图进行操作。

⑦ **增加样机**，如电脑、手机等素材。

在美化的数据图表底层，可增加一个电脑或者手机素材作为装饰。

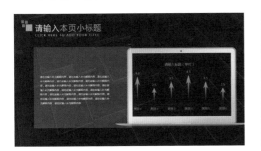

3. 折线图

通常，我们用的折线图是这样的。要想让折线图数据表达更清楚、更美观，可进一步美化。

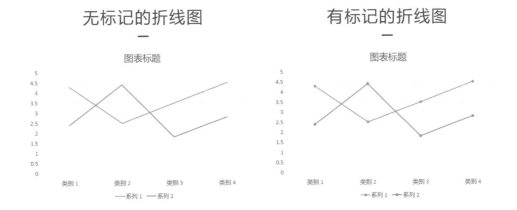

① **删除多余横线及Y轴数据，更改线条颜色。**

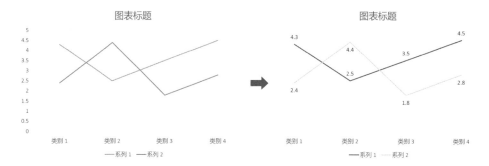

a. 点击选中Y轴数据或横线，按delete键可直接删除；
b. 单击选中折线，在形状轮廓或线条处，修改填充颜色；
c. 选中折线，点击右键，添加数据标签；
d. 点击数据标签，在右侧菜单栏设置标签显示位置(如右图)。

② **让折线更圆滑，更顺畅。**
选中折线，在右侧菜单栏勾选"平滑线(M)"，可让折线更圆滑。

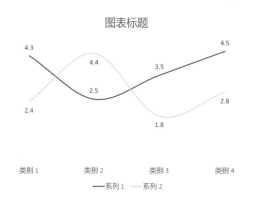

③ **加上标记。**

选中折线，在右侧菜单栏设置"标记"参数，可在折线中加上标记。

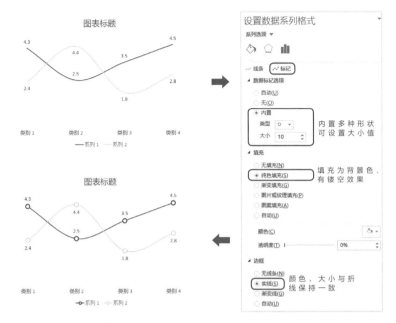

④ **以形状/图标/图片填充标记。**

复制形状/图标/图片，点击选中标记，按组合键"Ctrl+V"粘贴，即可填充标记。复制前，需调整形状/图标/图片的尺寸到合适的大小。

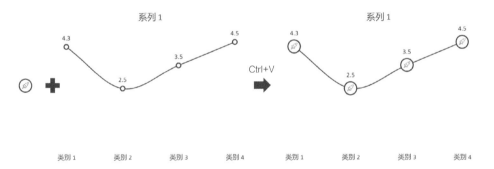

还可以在图表周围加点小装饰，以更好地体现所用的PPT风格。

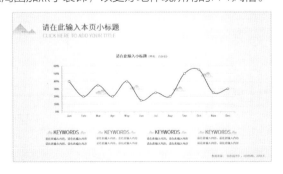

4. 雷达图

雷达图是多维度呈现数据的好工具，可做如下优化。

① **修改线条颜色。**

单击选中线条，修改颜色填充即可。

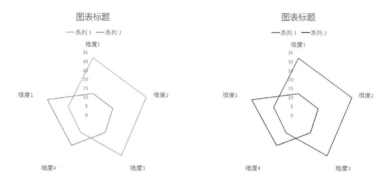

② **修改区块颜色+透明度。**

分别单击选中图表区块，点击右键，选择设置数据系列格式，在右侧菜单栏中，进行如右图设置，即可修改区块颜色和透明度。

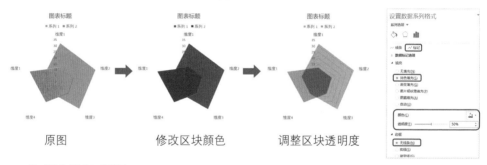

原图　　　　　　　　修改区块颜色　　　　　调整区块透明度

③ **修改线条+标记。**

分别选中两条数据线条，修改其颜色并调整宽度为0.25～0.75磅；如右侧图片设置。

分别对两条数据线条的标记进行设置，修改标记填充的颜色、大小及边框颜色。

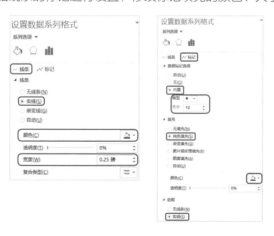

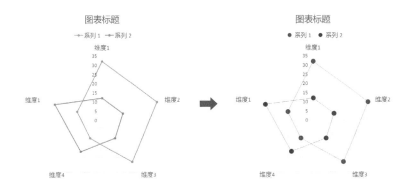

5. 组合图

常用的组合图为柱形图+折线图组合，以柱形图对比数据，以折线图体现趋势。

① **常规美化**：修改颜色。

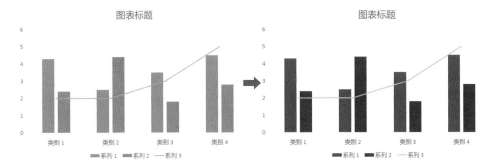

常见问题：删除一列数据后，组合图变成了柱形图，怎么办？

操作： 选中数据图表，在图表工具-设计选项卡中，点击"更改图表类型"；在弹出的窗口中，对需要变成折线图的数据进行修改，如下图所示。

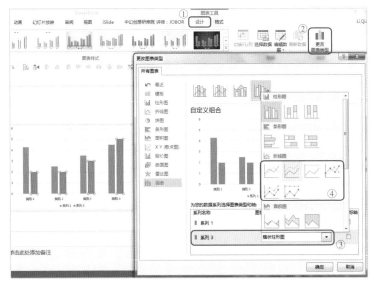

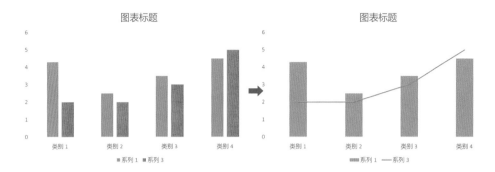

② **利用折线图美化柱形图**。这里折线图只用作美化，不体现数据趋势。

a. 调整分类间距，使得柱形图数据条变窄。

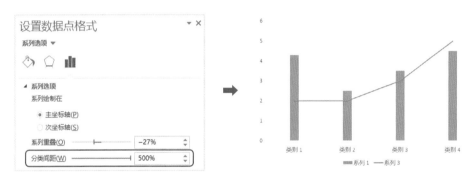

b. 用形状填充柱形图数据条及折线图的标记，操作参考柱形图及折线图的美化。

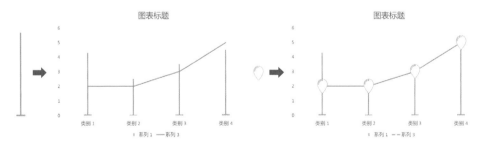

c. 选中折线图，在线条里设置为"无线条"。

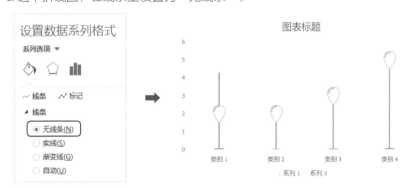

d. 选中折线图的标记，点击右键，选择"编辑数据-在Excel中编辑数据"；在打开的Excel表格中，将折线图数据（案例为系列3）的值调整与柱形图数据(系列1)的值一致。

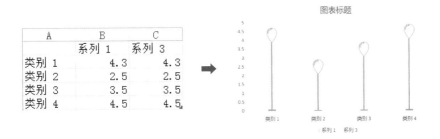

e. 依次选中横线及右边Y轴数据，按delete键删除；点击折线图标记，右键，添加数据标签；点击已添加的数据标签，在右侧菜单栏设置标签位置为"居中"。

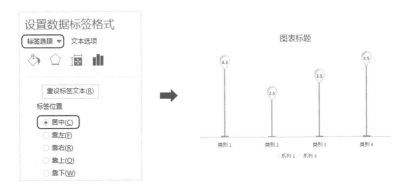

f. 同理，可以做出如下数据图表样式。不同的地方在于，将折线图的数据值(案例为系列3)设置为0，即可将图中的圆形放置在底部。

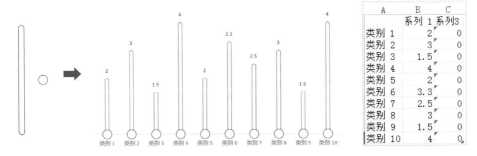

同理，我们还可以做出如下数据图表；不同之处在于，这次以柱形图作为装饰，以折线图的数据值来体现实际数据。

操作要点：将柱形图的数据值（系列1）统一设置为这些数据中的最大值（案例中为5），将要表现的数据填写在折线图的数据系列3上。

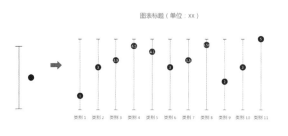

	A	B	C
		系列1	系列3
类别	1	5	1
类别	2	5	3
类别	3	5	3.5
类别	4	5	4.5
类别	5	5	4.1
类别	6	5	3
类别	7	5	3.5
类别	8	5	4.58
类别	9	5	2
类别	10	5	3
类别	11	5	5

第十节　排版利器Smartart，搞定关系图表

PPT 中最常见的是什么？

几乎每一个正文页都离不开使用 PPT 关系图表来进行内容呈现。

到哪里去找这么多关系图表素材？看这节！一键生成各种逻辑图形，流程图形、组织结构图形统统拿下。

一、认识排版利器：Smartart

关系图表哪里找？很简单，"插入-Smartart"，选择相应的图形即可。

注：如果没有找到Smartart功能，可能是Office软件版本太低，或者使用的是其他办公软件。

我们先简单看看Smartart可以做什么？

制作封面

制作目录页

制作过渡页

制作正文页

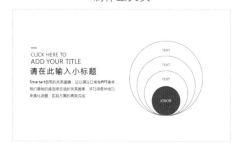

我们来看看，**Smartart提供哪些类别、多少种图形**？

Smartart中的素材种类丰富，自带185种图表关系，包括列表、流程、循环、棱锥等，点击每个关系图可以看到使用范围 / 作用。

1. 列表型（36种）

列表型用于显示非有序信息或分组信息，主要用于体现信息的并列关系。

2. 流程型（44种）

流程型用于表示事件的阶段、任务或连续序列，主要用于强调顺序步骤。

3. 循环型（16种）

循环型用于表示事件的阶段、任务或连续序列，主要用于强调重复过程。

4. 层次结构型（13种）

层次结构型用于显示组织中的分层信息或上下级关系，应用于组织结构图。

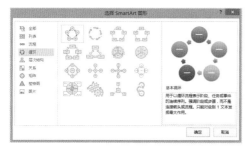

5. 关系型（37种）

关系型用于表示两个或多个项目之间的关系，或者多个信息集合之间的关系。

6. 矩阵型（4种）

矩阵型用于以象限的方式显示部分与整体的关系。

7. 棱锥图型（4种）

棱锥图型用于显示比例关系、互连关系或层次关系，最大的部分置于底部，向上渐窄。

8. 图片型（31种）

图片型主要应用于包含图片的信息列表。

二、Smartart的基础处理

随意插入一个Smartart图形，选中之后，会在顶部菜单栏出现如下选项卡。在"设计"中，可以对Smartart图形进行修改调整。

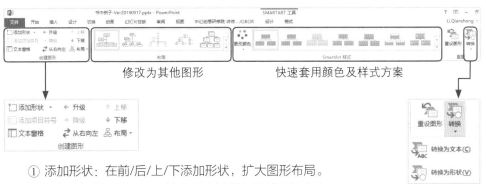

修改为其他图形　　　　快速套用颜色及样式方案

① 添加形状：在前/后/上/下添加形状，扩大图形布局。

② 添加项目符号：需要所选布局支持带项目符号的文本。

③ 文本窗格：显示或隐藏文本输入框。

④ 升级/降级：提升/降低所选对象的级别。

⑤ 从右向左：在从左到右、从右到左之间切换布局顺序。

⑥ 上移/下移：向前/向后移动所选对象。

⑦ 布局：快速更换Smartart图形。

⑧ 更改颜色：快速更改配色组合方案。

⑨ Smartart样式：修改图形样式的效果。

⑩ 重设图形：将图形转换为没有任何美化效果的原始图形。

⑪ 转换：将Smartart转换为文本或形状（组合）。

另外，在选项卡的"格式"中，还可以对选中对象进行"更改形状""增大""减小"操作，以更好地辅助排版。

三、Smartart的高阶操作

1. 更改形状

依次选择图形中的形状，在Smartart工具-格式选项卡中，选择"更改形状"，即可衍生出新的图形，如下示例。

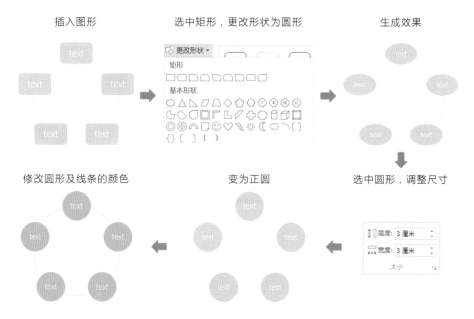

2. 取消组合

Smartart图形与形状组合： 前者添加形状、更改形状及更换布局更方便，但受到布局影响，不能随意调整；后者可对每个形状随意调整位置、大小及增添新的形状等。

方式①，选中Smartart图形，在顶部"Smartart工具-设计"选项卡中，选择转换-转换为形状。

方式②，选中Smartart图形，右键，选择组合-取消组合。

四、Smartart的应用场景

1. 增加形状及图标

在Smartart图形中，增加一个大圆形，并进行适当的位置调整；然后，更改大圆的线条颜色及线型（虚线）；增加小图标装饰。

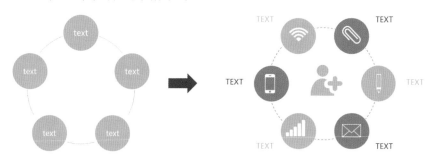

2. 百变图片版式

Smartart图形提供众多图片版式可供使用。此外，我们还可以将其他非图片的布局，变成形状组合（通过转换形状或者取消组合），以填充图片。

① 填充多张图。

插入Smartart图形，点击"图片"标志，插入图片；填充文字，并修改形状颜色，即可填充多张图片。当图片很多时候，我们还可以增加形状数量，此外，还可以加一些小图标作为装饰。

② 填充单张图（被切割开的效果）。

继续用上一个图形样式进行改造，点击右键，取消组合，转变成形状；注意保持形状为组合的状态，进行图片填充。

3. 其他关系图表应用

① 时间轴。

插入Smartart图形，更改颜色，得到时间轴效果。

② SWOT分析。

插入Smartart图形，更改颜色，增加小图标等装饰元素，得到SWOT分析效果。

③ **流程图。**

插入Smartart图形，更改颜色，还可更改形状，得到流程图效果。

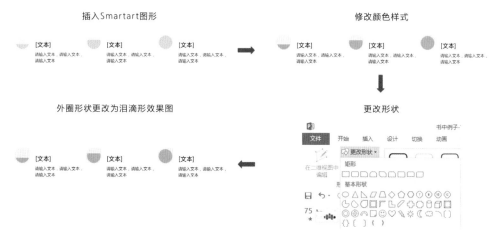

一、**表格的基础应用**

第十一节 这还是我们认识的表格吗

除了在Excel中大家可以见到既爱又恨的表格，我们在PPT中也是经常用到表格。我们来看一下，PPT中的表格除了基础应用以外，还有哪些特殊的技能。

一、**表格的基础应用**

1. 如何插入表格？

点击顶部菜单栏"插入"选项卡→选择"表格"→根据需要选择m列×n行。表格的行和列可以提前规划，也可以在插入后再进行合并/拆分单元格来调整。

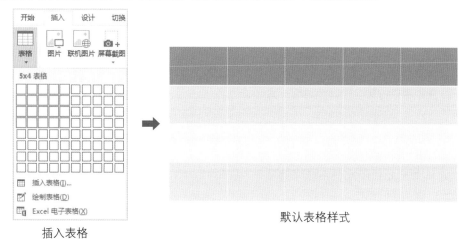

2. 表格基础设置

插入表格后，我们可以在顶部菜单栏看到两个选项卡，设计选项卡和布局选项卡。

① **表格工具-设计选项卡**。设计选项卡中提供一些默认表格样式可以供快速套用，并且可以对表格、单元格及边框进行设计。

② **表格工具-布局选项卡**。布局选项卡可以新增、删除行或者列，并可以进行合并/拆分，此外还可以控制高度、宽度及单元格内文本的对齐方式及方向。

对于系统提供的默认表格样式，我们在制作的时候可以试试每一种的效果。在时间不足的时候，快速套用美化表格；如果时间充足的话，可以手动进行修改。

这里，分享**几种常见的表格设计做法**。

① **修改颜色为主题色，表头（首行）颜色突出。**

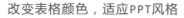

改变表格颜色，适应PPT风格

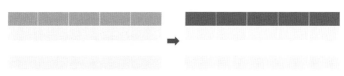

a. 选中第一行单元格，底纹填充为PPT方案"主题色（这里假设为深红色）"。

b. 选中第二行单元格，底纹填充为主题色同色系的淡色。

c. 选中第三行单元格，底纹填充为比第二行还要淡的同色系颜色。

d. 选中第四行单元格，底纹填充为第二行单元格的颜色。

e. 如有第五行单元格，底纹填充为第三行单元格的颜色。

后续单元格，底纹重复第二行、第三行的颜色，保持颜色相间。

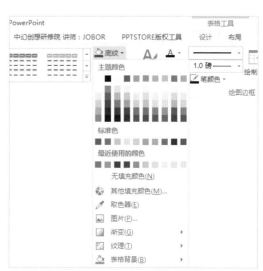

② **只有表头填充颜色，其他单元格底纹无填充。**

只有表头填充颜色，并修改边框颜色

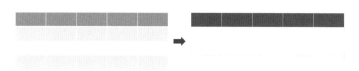

a. 选中第一行单元格，底纹填充为PPT方案"主题色"，其余行单元格为无填充。

b. 选中表格，在"表格工具-设计"选项卡中，选择边框颜色为"浅灰色"（可根据需要选择不同程度的灰色或其他颜色）。

c. 点击边框旁边的小倒三角，选择"所有框线"。

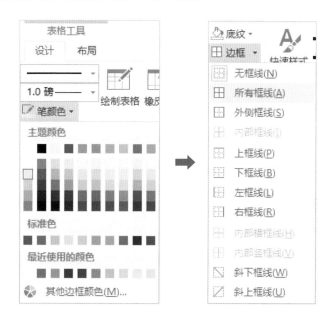

③ **首行、首列底纹填充颜色。**

在如上案例基础上，增加第一列（除第一个单元格）底纹填充为与主题色同色系的淡色。这种样式，可以突显行列两个维度的分类。

首行、首列填充颜色

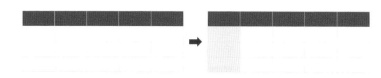

④ **第一个单元格增加斜杆。**

在如上案例基础上，选择第一个单元格；在"表格工具-设计"选项卡中，点击边框旁边的小倒三角，选择斜下框线，即可增加斜杆。

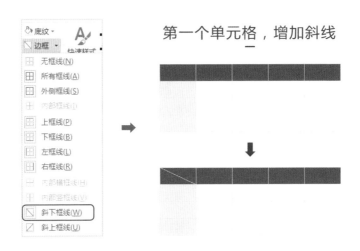

第一个单元格，增加斜线

⑤ **增加汇总行。**

表头填充颜色后，通过拆分单元格增加一行。

a. 选中第四行单元格，点击右键，选择"拆分单元格"。

b. 填写拆分单元格参数：1列2行，实现新一行单元格的插入。

c. 选中整个表格，在"表格工具-布局"选项卡中，选择"分布行"，实现对各行高度的平均分配。

注：行、列高度，还可以通过用鼠标拖拽边框线条来控制调整。

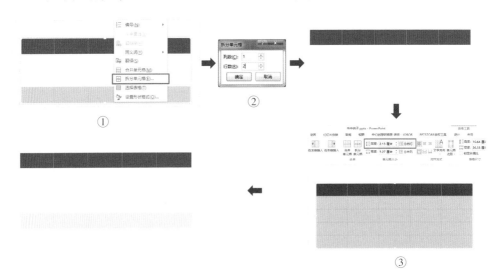

⑥ **外框加粗。**

在表头填充颜色的基础上，选中整个表格，在"表格工具-设计"选项卡中，选择线条边框粗细为"3.0磅"；其次，在边框下拉选项中，选择外侧框线，得到外框加粗效果。

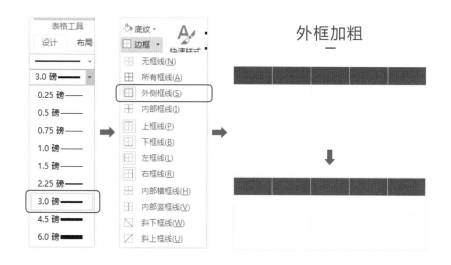

⑦ **顶部及底部横线加粗显示。**

在表头填充颜色的基础上，进行如下操作。

a. 选中表格，在"表格工具-设计"选项卡，设置边框为内部框线。

b. 选择线条边框粗细为"3.0磅"，并选中首行单元格，而后依次选择上框线、下框线。

c. 选中最后一行单元格，而后选择下框线。

d. 如果需要改变首行单元格颜色，还可以继续修改底纹填充颜色。

⑧ **顶部、底部横线加粗，弱化内部横线，并去除竖线。**

在上一节表格基础上进行如下操作。

a. 选中整个表格，在"表格工具-设计"选项卡中，设置边框。通过点击内部竖框线（可能需点击1次或多次），去除竖线。

b. 同时选中第二行至末行单元格（一起选中），在"表格工具-设计"选项卡的绘图边框中选择虚线线型，然后在边框下拉框中选择内部横框线。另外，如果首行单元格不需要填充颜色，也可以根据需要去除。

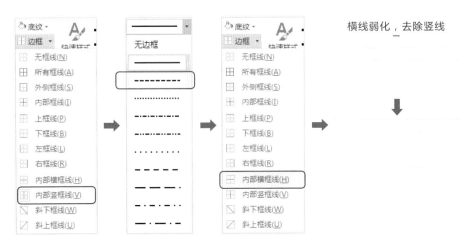

横线弱化，去除竖线

我们继续对上方的表格进行调整，可以演变如下两种表格。

选中首行单元格，底纹设置为无填充颜色；设置下框线为虚线。

➡

选中首行单元格，在边框下拉框选项中通过点击上框线（可能1次或多次），去除上框线。

➡

注：试试：去除横线的效果>>

⑨ **强调某一行或者某一列的数据。**

选中首行单元格，将底纹设置为无填充颜色；然后，选中要强调的某行或者某列，填充底纹为主题色（或其同色系）。

⑩ **只有边框，所有单元格底纹无填充。**

选中整个表格，底纹填充选择无填充颜色；设置边框为浅灰色（或其他颜色），得到只有边框、所有单元格无填充的效果。

强调某行/列数据

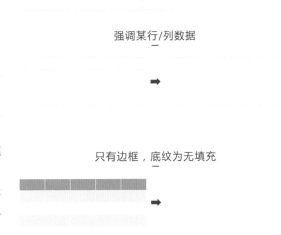

只有边框，底纹为无填充

二、表格的高级应用

1. 辅助设计封面

① 插入表格（演示案例为5列×4行），拉大，铺满整个幻灯片。

② 做出切割线效果。选中表格，选择边框磅数为"1.0磅"，颜色设为背景色，然后设置边框为"内部框线"。

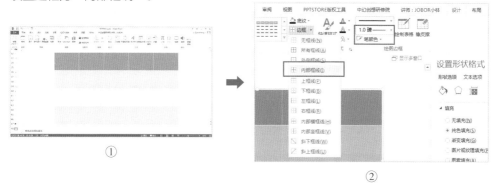

③ 填充图片。在这里，我们需要提前准备好需要充当背景的图片。然后，选中整个表格，接下来有两种操作路径。

(a) 在"表格工具-设计"选项卡中，设置底纹填充为图片，并找到目标图片文件，进行图片填充。

(b) 在表格上点击右键，选择"设置形状格式"，选择填充方式为"图片或纹理填充"，通过点击文件，找到目标图片文件，进行图片填充。

填充为图片之后，我们会发现，表格是一个小格一张图片，我们还需要再勾选"将图片平铺为纹理"，得到想要的封面效果。

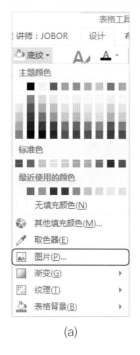

(a)   (b)

一个小格一张图片　　　　　　　　　　　　　　将图片平铺为纹理后

　　注意： 图片需要是大尺寸高清图片，并且图片尺寸比尽量和幻灯片尺寸比一致（幻灯片尺寸一般为16：9），保障图片呈现更完整。

　　④ 排版补充。增加黑色透明色块和相应文字，最终效果如下。

　　我们还可以去掉一些单元格的填充，让封面更个性。选中某几个单元格，依次将底纹设置为无填充颜色，并对标题内容进行排版调整。

　　另外，还可以用颜色填充一些单元格，做成内页。

2. 全图多宫格页面

图片填充表格后，选中某几个单元格，依次将底纹设置为主题色填充，并添加内容。

3. 多宫格小图填充

① 插入表格。列数和行数根据你的内容需要选择，案例选择4×2。

② 填充图片。选择某个单元格（单击即可），设置图片填充；如果图片比单元格大，不要勾选"将图片平铺为纹理"，以免图片呈现不完整；为防止图片变形，注意选择尺寸比例与单元格长宽比一致的图片。

③ 填充颜色。将不填充图片的单元格，填充为主题色/辅助色。

④ 设置边框。选中整个表格，在"表格工具-设计"选项卡中，设置线条磅数为3.0磅（可根据间隔需要，调整磅数），线条颜色为背景色。然后，在边框下拉框中，选择"所有框线"。

⑤ 添加小图标和文字等内容。

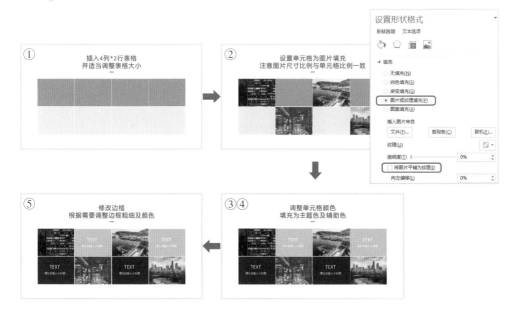

我们还可以改成这种效果。

4. Win8风格制作

① 提前规划好需要的表格行数和列数，根据需要插入表格。

② 合并相应单元格，并分别填充图片及颜色；不需要展示的地方，可以设置为无填充颜色（如下第二张幻灯片的应用）。

③ 调整边框粗细（磅数）及颜色（与背景同色）。

④ 补充矢量小图标及内容，得到Win8风格的页面效果。

5. 制作特殊版式的表格

我们先看看最终效果图。

具体操作如下。

① 插入表格，调整样式，并填充内容。

② 选中表格，点击右键，选择"剪切"；然后，在"开始"选项卡中，选择"粘贴-选择性粘贴-图片（增强型元文件）"，这是很关键性的一步。

③ 点击右键，连续两次取消组合。期间会弹出对话框，点击是即可。

④ 删掉取消组合后的表格线条，将中间一列的内容全部选中并点击右键，选择"组合"。

⑤ 按住Shift键，并将鼠标置于组合后形状的一个小顶角，当鼠标变成双向箭头时，拉动，进行等比例放大；并微调位置至中间。同时，我们还可以通过选中"顶部形状-编辑形状-更改形状-选择同侧圆角矩形"；此外，还可以为形状增加整体阴影及边框。

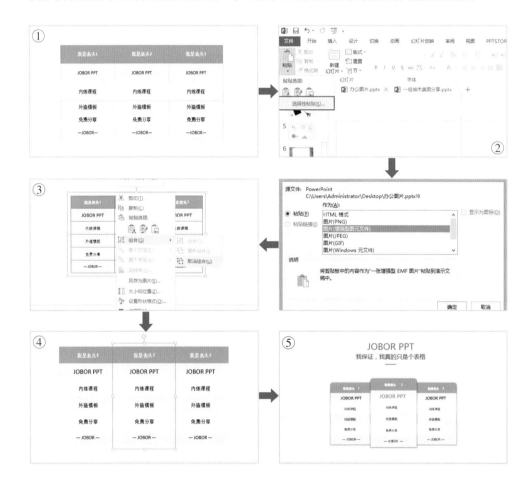

第三章

风格：
借鉴创意，
轻松搞定20种风格

第一节 PPT风格全景图

PPT 有多少种风格？你知道多少种？

你能用到多少种？

在这一章，我们将分享一些常见风格，以及常见 PPT 风格的快捷做法。

我们的目的是，能以较快的速度满足职场日常制作需求。

一、你常见的PPT风格有哪些？

在开始了解之前，我们可以在脑海中回想，经常会见到哪些类型PPT？我们做个简单的划分。

- **教师教课型**。学生时代最常见，但基本都是文字堆积。
- **PowerPoint默认模板型**。这部分也不在少数，好看的极少；但如果能稍做修改也不失为一种快捷方式。
- **网传免费模板型**。网上能找到的各种免费的、多年前的老模板，常见为毕业答辩、工作总结等模板。
- **喔，真好看型**。"别人的PPT"，包括但不限于扁平化、杂志风、中国风、发布会、全图型、IOS风、星空风等。

当然，以上是一个非常粗糙的划分方法。这里我们重点对工作中经常用到的最后一类PPT风格进行拆解，帮助大家在职场中做出更多令人眼前一亮的PPT。

二、常见的PPT风格

这里列举一些常见的PPT风格，并给出各风格的流行指数和推荐指数。

常见PPT风格

风格类别	特点	效果图片
扁平风 流行指数 ★ ★ ★ ★ ★ 推荐指数 ★ ★ ★ ★ ★	• 简化 • 没有多余的装饰效果，包括阴影、3D、渐变、高光等 • **关键点**：纯色形状使用 • 可以作为所有风格的基础进行改造和搭配	

风格类别	特点	效果图片
微立体 流行指数 ★★★★ 推荐指数 ★★★★	•扁平+微特效 •在扁平基础上，增加三维效果、渐变填充及阴影后，视觉上更立体的效果 •**关键点**：添加阴影 •可以完全基于扁平风进行修改	
杂志风 流行指数 ★★★★★ 推荐指数 ★★★★★	•一般也被称为欧美风，类似画册、杂志设计 •关键在于图片与文字搭配，可以用形状作为辅助 •**关键点**：图片排版 •可以基于扁平风，添加图片而成	
全图型 流行指数 ★★★★ 推荐指数 ★★★☆	•高清大图+精简文字 •视觉冲击力比较强，一般用于演讲或者部分突出观点的页面 •**关键点**：图片的搭配 •图片相得益彰，文字精简突出	
IOS风 流行指数 ★★★☆ 推荐指数 ★★★	•半透明毛玻璃效果 •**关键点**：加半透明色块 •模仿苹果IOS系统的设计风格，以虚化处理后的图片或渐变色作为背景，半透明色块辅助 •背景的选择，不要影响内容的呈现	
Win8风格 流行指数 ★★☆ 推荐指数 ★★☆	•微软系统界面风格 •接近于扁平化，设有多余的装饰效果，背景可是深色、渐变色或者虚化处理后的图片 •**关键点**：多色色块搭配 •几乎等同于扁平风	

续表

风格类别	特点	效果图片
星空风 流行指数 ★★★★☆ 推荐指数 ★★★★	•瞬间体现酷炫 •浩瀚、精致的宇宙星空图当背景，很容易烘托高大上氛围，比较适合科技数码互联网等行业 •**关键点：**高质量星空图 •接近于IOS风和全图型，在图片上填字	
多彩风 流行指数 ★★★★ 推荐指数 ★★★★	•严格来说，也不算一种风格，疲倦了单色系或者需要比较活跃感觉的时候，可以使用多色 •**关键点：**颜色组合 •在所有风格基础上，使用一种以上的颜色	
中国风 流行指数 ★★★☆ 推荐指数 ★★★☆	•体现浓厚的文化气息 •以我国传统特色元素为主，对版面进行设计呈现，体现文化艺术美 •**关键点：**中国风素材 •除了素材，还需要注意颜色的使用	
卡片风 流行指数 ★★★ 推荐指数 ★★★★	•层次分明，告别单调 •在背景上添加圆角矩形及阴影，突显内容区域，在网页设计中使用较多 •**关键点：**白色块+阴影 •在扁平化微立体风格上改造，容易掌握	
卡通风 流行指数 ★★☆ 推荐指数 ★★	•用各种元素营造场景 •以多种纯色分别作为背景，并添加与内容相关的卡通人物形象，构成一个故事场景 •**关键点：**卡通素材 •接近于扁平	

续表

风格类别	特点	效果图片
MBE风 流行指数 ★★ 推荐指数 ★★☆	• 萌萌哒的感觉 • 偏移填充、粗线条描边的插画风格，圆滑的线条，鲜明的颜色搭配 • **关键点：** 开口+偏移 • 改造扁平风格中的图标及形状边框为断点	
高桥流风 流行指数 ★★ 推荐指数 ★★	• 大字报风格 • 以极少文字呈现每页观点，将主要文字放大放大再放大，居中摆放 • **关键点：** 字要足够大 • 白底黑字，稍加强调颜色，无需装饰元素	
发布会风 流行指数 ★★★★ 推荐指数 /	• 公司开发布会用 • 以高清大图或者深色渐变为背景，配上少量文字，文字颜色以白色为主 • **关键点：** 多看手机公司发布会PPT • 特殊用途	
低多边形风 流行指数 ★★★★ 推荐指数 ★★★★	• LowPoly低多边形风格 • 将图片转换为多边形块组成的图形，可以用作背景或者页面装饰元素 • **关键点：** 用工具转换 • 在杂志风格基础上，增加低多边形装饰	
手绘风 流行指数 ★★★ 推荐指数 ★★☆	• 简洁而富有创意 • 通过有趣、个性化的手绘设计元素搭配，让PPT更具别致 • **关键点：** 顶点编辑+手绘素材 • 制作和修改麻烦	

续表

风格类别	特点	效果图片
学术风 流行指数 ★★★ 推荐指数 /	•常见于毕业论文及注重结构化的方案 •内容及页面呈现结构化、模块化，多使用类似网页的导航栏，宜浅色背景 •**关键点：**添加导航栏 •可以基于多种简洁风格进行改造	
长阴影风 流行指数 ★★ 推荐指数 ★★	•扁平化的延伸 •为扁平风的简约，增加一种渐变透明的长阴影效果，使其更具质感 •**关键点：**阴影设置 •借助任意多边形，生成更贴合的长阴影	
2.5D风 流行指数 ★★★ 推荐指数 ★★☆	•介于2D和3D之间的等距插画效果 •不一样的卡通风格，鲜明的渐变色彩，清新又具有创意，还具有故事性 •**关键点：**渐变+素材 •不要想着自己画	

以上只列举了常见的PPT风格。除此之外，还有很多其他衍生风格，每年也会有新的流行风格产生，但风格无所谓好坏，适合的就是好的；另外，还要考虑：能不能做出来，风格与内容和场合是否搭配。

风格的体现，主要在于画面感及颜色、形状、字体元素的使用。在职场中，我们需要快速高效的产出，所以，**"借鉴"将会是接下来去制作这20种风格的快捷方式。**

如何"借鉴"？

① 熟悉风格特点。选好想要做的风格，基于风格特点，寻找合适的目标风格的效果图。

② 找图获得灵感。每种风格因创作者喜好、画风、元素使用、排版等不同，又会产生多种类型。因此，我们需要找到一张合适的参考图或者多张同类型的参考图（可以是海报、广告图、网页、杂志及其他设计作品）。寻找方式可以有百度搜图、站酷、花瓣及其他自己收藏的路径。

- 可以优先寻找可供参考的网页或网页设计作品，因网页的页面较长，可供提取的元素较多。
- 推荐在"站酷"寻找（网址：www.zcool.com.cn）。

③ 拆图获得参考。分析图片的特点，通过对图片的研究，提取包括画面感觉（关系到排版选择、图片选择）、配色、文字、形状等信息。

④ 制作实践。我们会侧重拆解每种风格的关键元素和美化思路，具体封面、目录页、正文页等页面制作，可以参看版式章节。

三、如何选择合适的风格

这个是在开始美化PPT前，一件非常令人纠结的事情。这里提供几种可以作为参考的因素，选择风格时，可以考虑一种或多种因素。

接下来，让我们看看以上每种风格的特性。

第二节　如何制作扁平化风格

如果想做出一份简洁的PPT方案，或者没有太多风格的要求，我们首推扁平化风格。
一是风格简洁，二是易掌握，三是普适性强。
那么，对于PPT小白的我们，应该怎么做，能最快获得效果呢？

一、分析风格特点

① 极简、美观。

② 背景及颜色不宜复杂。

③ 对所用元素的效果进行简化，去掉多余的装饰效果，包括阴影、3D、渐变、高光等。

④ 画面平、没有任何突出的感觉。

⑤ 变化不大的纯色色块、圆滑简洁的无衬线字体。

⑥ 必备元素：图标和结构化的关系图表。

• 可以作为其他风格的基础，进行改造和搭配。

二、找图获得灵感

我们先找到一张或多张扁平化风格的图片，对比选择一张最佳的。

寻找方式： 通过百度搜图、站酷、花瓣、网页及杂志等寻找设计素材作为参考，这里列举其中两种方式的做法。

基于需求，选择一个合适的作品作为参考。

三、拆图获得参考

找一个合适的设计作品，作为参考。

我们开始分析图片进行拆图，主要从几个方面分析。

【画面感】商务简洁，图片为主，配合文字呈现。

【颜色】用取色器从图中取主色调、辅助色、背景颜色和文字的颜色。

【背景】以浅色为主，或以大图作为背景。

【形状】色块必备，作为装饰或者内容区隔，又或是方便填写内容（在图片上，设置为半透明）。

【文字】经典无衬线字体，使用"黑体"就可以。

【图片】使用较多。

【版式】我们由上到下，从图片中可以提炼出几种可用版式。

原图		版式提炼

 全图版式 ➡

 上下结构 ➡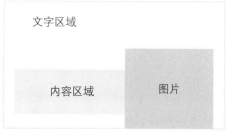

 左右结构 ➡

 上下结构 ➡

四、制作实践

我们简单按风格、封面、目录/过渡页、正文页、封底的顺序开始制作扁平化风格。

① 确定风格。前面我们已经确定为扁平风格，然后把颜色、字体都调整好。

② 美化封面。

美化前　　　　　参考版式　　　　　美化后

③ 美化目录/过渡页。

目录

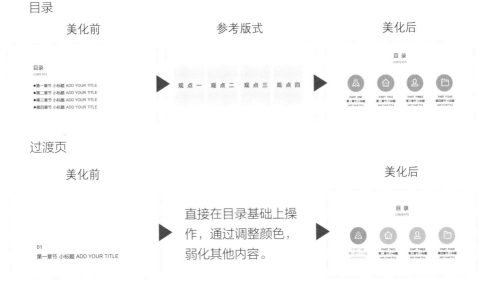

过渡页

④ 美化正文页-确定正文页通用版式。

根据正文内容选择版式，进行美化。

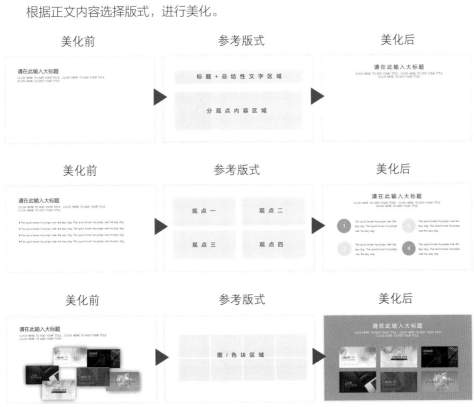

⑤ 美化封底。

美化前　　　　　　　参考版式　　　　　　　美化后

⑥ 美化完成后，添加简单的页面切换动画。

第三节　如何制作微立体风格

在扁平的基础上，增加光影效果，就有了微立体风格。

"微立体"，如字面意思，稍微地立体，不似3D效果那样明显凸出。在这里，我们会再一次发现"格式刷"是个非常好的工具。

一、分析风格特点

① 扁平化+微特效，更具质感。

② 在扁平基础上，增加三维效果、渐变填充及阴影后，在视觉上获得立体的效果。

③ 通常以同一颜色的非常接近的两种明暗度的渐变来制造光照的明亮效果；形状渐变填充的方向和边框渐变填充的方向相反。

④ 除主色调外，通常会搭配浅色的微立体形状，起到辅助作用。

● 可以完全基于扁平进行修改。

二、找图获得灵感

这种风格应用在PPT的设计中比较多。我们通过百度搜图，可以看看其他优秀的作品是如何应用的。

我们选择其中的一张图来参考。

三、拆图获得参考

我们开始分析图片进行拆图，主要从以下几个方面分析。

【画面感】简洁，但较于扁平化更具有质感、有点微凸的感觉。

【颜色】渐变色为主。

【形状】①添加阴影效果；②增加渐变效果。

● 阴影方向需与所表达的光照方向保持一致；

● 光照方向是由颜色的明暗度来呈现。形状外凸的时候，光照方向为由亮的一侧到暗的一侧；形状内凹的时候，光照方向为由暗的一侧到亮的一侧。

【背景】可纯色，也可渐变色，注意渐变方向与光照方向一致。

其他文字、图片、版式都与扁平风一样，背景和颜色也可参考扁平风。

四、制作实践

微立体可以在扁平风基础上进行修改产生，与扁平风整体上的规则极其类似，因此，这里我们不再像扁平风那样，分页面演示。只把不一样的地方，拿出来拆解制作。

1. 做一个微立体效果的圆形

① 插入"形状"-"椭圆"，按住shift键，同时拖动鼠标左键，绘制出一个正圆。

② 选中椭圆，点击鼠标右键，选择"设置形状格式"（右图①所标示）。

③ 设置形状渐变填充（右图②所标示），把默认的四个渐变光圈删掉两个，留第一个和最后一个（右图③所标示）。

注：如何删除渐变光圈？选中需要删掉的渐变光圈，然后在最右边，有加号箭头和叉号箭头，点叉为删除。

④ 更改渐变填充颜色。

形状填充的渐变方向选择从左下到右上（右图④所标示）。

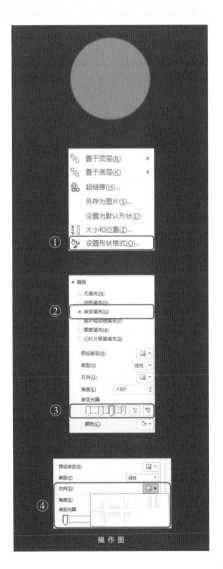

操作图

形状填充的渐变光圈的颜色设置，第一个渐变光圈选择白色（如右图⑤所标示），第二个渐变光圈选择第一列第二个灰色（如右图⑥所标示）。

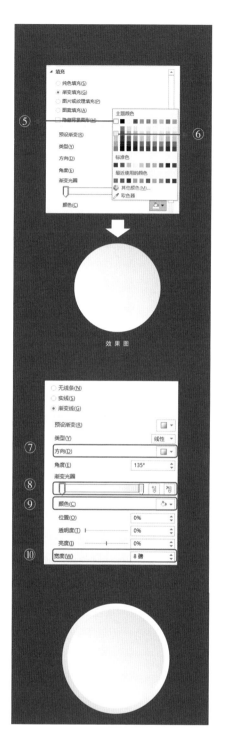

边框填充的渐变方向，与形状填充正好相反，选择从右上到左下，渐变光圈填充与形状填充一致；线条的宽度调整到5~8磅。

右图⑦：渐变方向调整

右图⑧：渐变光圈调整

右图⑨：渐变光圈颜色调整

右图⑩：边框线条宽度调整

注：渐变光圈颜色也可以根据个人的喜好调整深浅，但不建议初学者基于喜好自行调整。

截止此步，效果图>>

⑤ 添加阴影。注意阴影方向与光照方向一致，光照方向为从右上到左下（此示例为外圈凸出，内部凹入，所以光照方向与外圈边框的渐变方向一致，从右上到左下）。参数设置如下。

阴影方向：选择"左下斜偏移"

阴影颜色：黑色

透明度：70%

大小：100%

模糊：12磅

角度：135°

距离：10磅

注：以上参数可进行微调。

⑥ 格式刷，刷出一片微立体形状。

插入基本形状，利用"格式刷"工具，快速产出大批微立体效果的形状。

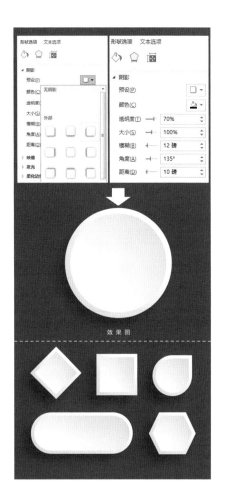

2. 用制作好的形状，改造扁平风

扁平风

微立体

因渐变光圈有白色，为更好体现立体效果，幻灯片背景由白色改成浅灰色；然后，裁切图片为圆形，并置于大圆中间；最后，复制几个圆形并缩小，摆放到合适位置，装饰版面。

扁平风　　　　　　　　　　　　　　　　微立体

　　利用已经做好的圆形（微立体效果）和"格式刷"工具，将目录页面上的4个圆形进行改造，并将上方图标改成主题色蓝色。

扁平风　　　　　　　　　　　　　　　　微立体

　　将已经做好的圆形（微立体效果）置于目标页面的4个小圆底下，快速改造完毕。

　　如上所示，将扁平改造成微立体，其实只需要做出一个微立体图形效果，然后利用格式刷，可以将不同元素瞬间变成微立体效果。

第四节　如何制作杂志风格

非常常用+实用的PPT风格；
最简单的方式，在扁平的基础上增加图片。

一、分析风格特点

① 类似画册、杂志设计。

② 一般也被成为欧美风，关键在于图片与文字的搭配，可以用形状作为辅助。

③ **主要影响因素**为图片选择、版式使用及形状辅助。

- **关键点：**图片排版。
- 可以在扁平风的基础上，添加图片而成。

二、找图获得灵感

打开"站酷www.zcool.com.cn"，搜索"画册"，结果如下，选取一张图来参考。

站酷搜索"画册"的结果截图

三、拆图获得参考

找到一个合适的设计作品，作为参考。

我们开始分析图片进行拆图，主要从以下几个方面分析。

【画面感】商务简洁，图片为主，配合文字呈现。

【颜色】用取色器从图中取主色调、辅助色、背景颜色和文字的颜色。

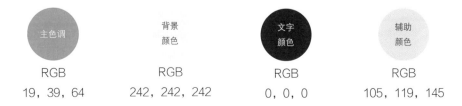

【背景】以浅色为主，或以大图作为背景。

【形状】色块必备，可作为装饰或者内容区隔，又方便填写内容（在图片上，设置为半透明）。

【文字】经典无衬线字体，使用"微软雅黑"就可以。

【图片】使用较多。

【版式】我们由上到下，从图片中可以提炼出几种可用版式。

原图　　　　　　　　　　　　　　　　　　版式提炼

全图
版式
➡

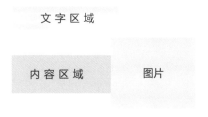
上下
结构
➡

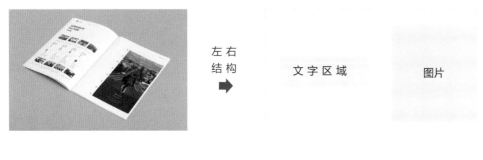

四、制作实践

对于杂志风格来说，重要的是图片的选择（图片要求与内容相关、清晰有美感）、版式及色块使用。我们按风格选择、封面、目录/过渡页、正文页、封底的顺序制作杂志风格PPT。

① 确定风格。我们已经确定使用杂志风，然后把颜色、字体调整好。

② 美化封面。

③ 美化目录/过渡页。

过渡页

④ 美化正文页-图表页面。

增加半透明色块/蒙版，以填充文字。

⑤ 美化封底。这里继续使用如上版式，并稍加位置调整。

⑥ 美化完成后，添加简单的页面切换动画。

对于杂志风格，参考画册是一种非常好的选择，再结合扁平风格的结构化关系图表，就可以完成一份美观的方案。

第五节　如何制作全图风格

何谓全图型PPT？

全图型PPT由高清大图和精炼文字组成，带有很强的视觉冲击力。

全图型PPT单独应用场景不多，一般适用于带有演讲性质的场合，比如个人心得分享、产品宣讲等；常与其他风格一起，充当部分页面，比如封面、过渡页及观点精简的页面等。

一、分析风格特点

① 高清大图+精简文字。

② 视觉冲击力以及氛围感染力比较强，一般用于演讲或者部分突出观点的页面。

③ 对操作技巧要求较少，更多在于美感，也是快捷提高PPT颜值的手段之一。

④ 内容少，对演讲者的要求高。

- 图片相得益彰，文字精简突出。

二、找图获得灵感

这种风格非常典型的应用，就是科技类产品的官网，比如苹果、华为、小米等产品介绍页面；再就是一些网站的焦点图，比如电商网站、设计网站等；另外，还有一些讲究简约商务感觉的品牌，比如喜来登酒店官网。我们单拆开每一张图片来看，都可以当作是一张非常精美和经典的全图型设计。

三、拆图获得参考

【画面感】很强的视觉冲击和氛围感染，PPT颜值高。

【颜色】参考杂志风格，文字多为白色、黑色及灰色系，少量强调色。

【背景】高清大图+色块（渐变或者纯色色块）。

【形状】渐变、半透明色块。

【文字】经典无衬线字体，使用"微软雅黑"就可以。

【图片】高清大图且具有美感、与内容相关性高，如果能制造情感气氛更佳。

【版式】版式较为简单，基本就三种。

版式一	版式二	版式三
文 字 区 域	文 字 区 域	文 字 区 域
高 清 大 图	高 清 大 图	高 清 大 图

四、制作实践

在全图风格的PPT制作中，我们按照最关键的两个因素来拆讲：图片和文字。

1. 图片的处理

图片的基本要求：分辨率至少在1024*768以上；投影屏幕越大越清晰，分辨率要求也越大。

如何找图：手中有合适的设计图或者拍摄照片最好，如无，可以百度搜索-选择特大尺寸。如果要考虑版权问题，可以到无版权的专业图片网站上寻找（网址见图片章节和素材章节）。

选图原则：高清（无水印、分辨率高）、有美感（非卡通剪贴画等）、高相关度（与所讲内容是有关联的）、故事性（非必须，但如果所选择图片能引发情感共鸣、联想，会更具感染力）。

2. 文字的处理

原则：少而精，用尽可能精炼的话体现观点。

常见文字位置：居中、左对齐、左边+居中对齐、右边+居中对齐。

3. 常见应用情景

情景一：大图完全填充背景，且图片上方有"留白"区域（用于填写文字），文字居中对齐。

情景二：大图完全填充背景，图片左边有"留白"区域；文字摆放在左边并左对齐。

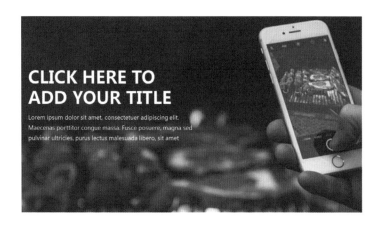

情景三：大图完全填充背景，图片右边有"留白"区域；文字摆放在右边并左对齐。

情景四：大图完全填充背景，但图片无"留白"区域；加半透明色块（可局部，也可全部覆盖图片），文字摆放在右边色块上并左对齐。

情景五： 大图完全填充背景，但图片无"留白"区域；用色块"渐变填充+半透明设置"制造"留白"；文字摆放在左边并左对齐。

文案来自华为官网

情景六： 大图不能完全填充背景，用色块"渐变填充+半透明设置"制造"留白"区域；文字摆放在右边并居中对齐。

情景七： 图片不能完全填充背景，选择图片背景的颜色填充幻灯片背景，使之融合。

第六节　如何制作IOS风格

IOS风格，就像这个称呼一样，借鉴的是苹果手机IOS操作界面的设计风格，半透明的毛玻璃效果，干净细腻的画风，带来不一样的视觉体验。

一、分析风格特点

① 半透明毛玻璃效果。

② 模仿苹果IOS系统的设计风格，主要以虚化处理后的图片或渐变色为背景，半透明色块辅助呈现内容。

③ 营造平静的感觉，同时确保可读性，不适合严肃的场合。

• 背景的选择，不要影响内容的呈现。

二、找图获得灵感

百度图片搜索"IOS　10"，可以感知这种风格的效果。

我们从搜索结果里找一张，放大观察。

三、拆图获得参考

我们从上面的图片中可以得知特点。

【画面感】平静、纯净、细腻；模糊感、若隐若现的朦胧美。

【背景】图片虚化。

【颜色】白色或黑色的半透明色块+彩色的小图标（也可以使用白色图标，多彩颜色不易于控制搭配）。

【形状】半透明色块为主、圆角矩形。

【文字】圆滑、简洁的无衬线字体，不需要厚重感。

其他如图片排版、版式等可参考扁平风格。

四、制作实践

制作要点在于背景虚化和半透明色块的制作。

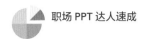

1. 背景的制作

单色渐变背景

① 幻灯片背景填充选择为渐变，本案例选择"线性向下"。
② 填充颜色选择为同一个色系的两种相近颜色。

多色渐变背景

操作同单色渐变背景。
① 幻灯片背景填充选择为渐变，本案例选择"射线-从右下角"。
② 填充颜色选择为两种不同的彩色。

图片虚化背景

① 选择一张图片（不论是否高清都可以），本案例选择一张风景图片。
② 选中图片，选择艺术效果为"虚化"，并调整半径为80。

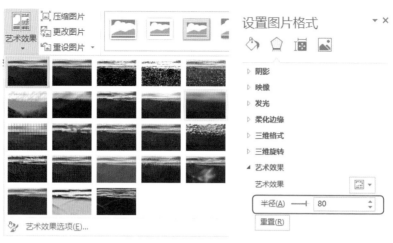

选中图片，选择艺术效果为"虚化"　　　调整半径为80

图片搜索

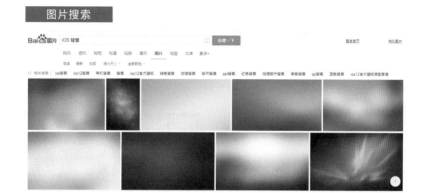

① 百度搜索"IOS背景"。

② 选择特大尺寸。另外，还可以基于想要的配色，进行颜色筛选。

不要忘了，还有必应搜索、专业渐变色网站等。

2. 半透明色块的制作

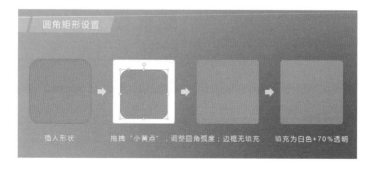

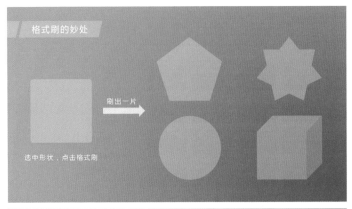

3.美化PPT思路

我们按照以上方法制作出主要元素之后，就可以进行组装美化PPT了。

① **封面**。

✓ 利用矩形和梯形组合成创意数字。

✓ 与主标题进行搭配，居中摆放。

② **目录页/过渡页**。

依然利用矩形和梯形组合成创意数字。

③ **正文页样式一**。

✓ 采用三等分结构布局。

✓ 利用半透明色块、线性图标及直线进行搭配/装饰。

④ **正文页样式二。**

采用左右结构布局。

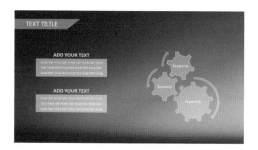 

对系统自带的Smartart图表进行半透明设置，可以制造出众多的关系图表。

使用半透明矩形填充数据图表中需要强调的柱形图，其余柱形图采用边框填充为白色的方式。

⑤ **封底。**

简单直接的文字，加一个小形状作为装饰。

第七节 如何制作win8风格

仿照win8操作系统的Metro界面，设计出的一种PPT风格。

一、分析风格特点

① 类似微软win8系统Metro界面的设计风格。

② 接近于扁平化，加上不带阴影特效的卡片。

③ 设有多余的装饰效果，背景可是深色、渐变色或者虚化处理后的图片。

④ 卡片由多种颜色区分。

• 多种颜色色块搭配。

二、找图获得灵感

百度图片搜索"win8metro"，结果如下。

三、拆图获得参考

我们从搜索到的图片，可以得到以下信息。

【画面感】模块化呈现内容，熟悉的计算机操作系统感。

【背景】深色（图片/纯色/渐变色）。

【颜色】多色。

【形状】色块+图标。

【文字】无衬线字体。

【排版】以色块承载内容，并通过不同色块区分不同内容。

四、制作实践

win8风格PPT制作比较简单，会做扁平风格就会做这种风格。

1. 取色器取出颜色

在上文百度图片搜索的结果里，找一张颜色比较全的图片，用PPT自带取色器吸取颜色。若所使用的PPT版本没有取色器，可以借用QQ或者微信等软件，通过截图获取颜色的RGB值，然后用获取的RGB值进行调色。

2. 多色块效果设置

① 通过插入一个个大小不一的矩形得到多色块效果。

② 插入表格，进行不同单元格的合并，得到多色块效果，适合色块较多的情况。

a.插入表格，行列数量，根据需要生成的色块数量推算，可以先在草稿纸上简单绘制

b.拖拽表格高度及宽度，至适合的大小。

c.根据需要的布局，合并单元格。

d.为不同单元格填充不同的颜色

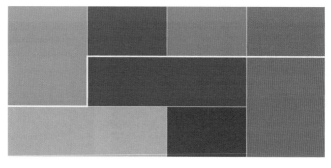

e.设置表格边框填充为6磅，颜色同背景颜色；不要设置边框为无填充，否则色块会连接在一起。

完成之后，在各个区域填充对应的内容、图片及图标就可以。

3. 美化PPT思路

封面

深色图片+白色文字　　　　　　　　　　　多彩色块排版

目录

并列排列　　　　　　　　　　　　　　　　不规则排列

过渡页

样式一　　　　　　　　　　　　　　　　　样式二

样式三

样式四：加入了半透明色块

正文页

标题在形状外

标题在形状内

左侧贴近边缘，留出更多内容区域

半透明色块辅助，打造不规则排版

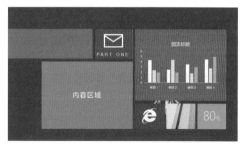

封底

样式一

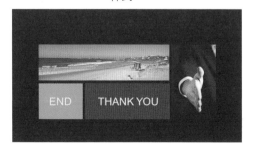

样式二

第八节　如何制作星空风格

星空、银河、宇宙等场景总给人一种神秘、超未来、大气的感觉，在PPT美化中，采用这种风格，往往也能带来比较震撼的效果。

一、分析风格特点

① 瞬间体现大气、酷炫。

② 浩瀚精致的宇宙星空图当背景，很容易烘托高大上氛围。

③ 主要依靠素材的使用：背景、星球及光线等元素。

④ 比较适合科技数码、科普、互联网等行业。

接近于IOS风和全图型PPT，在图片上呈现内容；可直接通过更换IOS风格的背景图片，快速获得星空效果。

二、找图获得灵感

百度图片搜索"星空风格PPT"，我们可以看到这种风格在PPT上的应用，更多是在背景上的体现。而且和IOS风格很类似，都是通过加入半透明色块来辅助内容的呈现。

三、拆图获得参考

我们从搜索到的图片可以获得以下信息。

【画面感】深邃、商务大气。

【背景】高清星空相关的图片。

【颜色】白色为主（可蓝色+白色搭配，普适性强且不单调；也可以使用比较明亮的青绿色+白色等）。

【形状】半透明色块、色块、线条。

【文字】圆滑、无衬线字体，大字号的文字可以用厚重感强的字体（如标题文字）及书法字体。

其他如图片排版、版式等参考IOS风格。

四、制作实践

星空风格PPT制作要点在于背景。如果希望更具创意和精美度，可以找些星球元素，添加到PPT中。色块和图标可以填充为除白色之外的主题色，不一定要是白色或者半透明效果。

1. 背景的使用

合适的星空背景图，需要保障两点：一要利于文字呈现；二要高清。

2. 形状的使用（色块和图标）

3. 美化PPT思路

最直接的方式：IOS风格换背景，秒变星空风格。

IOS风格　　　　　　　　　　　星空风格

手动模式：将各元素组合在一起，这里继续分享一些案例。

封面

① 选择一张具有设计感的球体图片，且能余出至少1/2的空间摆放主标题等内容；如果图片没有余出空间，可通过添加渐变色块/蒙版的方式遮盖部分图片区域实现。

② 增加流星元素作为装饰。流星元素，通过使用"椭圆形"＋"渐变填充"＋"透明设置"实现。

③ 图片属于对称结构，我们使用居中布局。

④ 字体需体现粗狂、震撼、力量感。

目录页/过渡页

① 两个页面都是用的取巧方式——借助图片的特点。

② 左图正好在留白区域可以增加目录内容。

③ 右图更便捷，直接可以借助图片上的光晕特效，做出精致的效果。

正文页样式

利用图片摆放在两边构成对称结构，居中排版内容。

采用左右架构，且右边图表使用与星空相关的火箭，相得益彰。

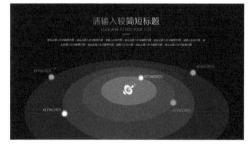 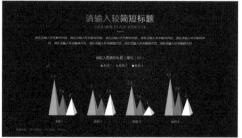

利用大小不一的半透明椭圆形色块重叠摆放，并搭配雷达图标和小圆圈，制造出信息往外传播的空间感和层次感。

数据图表使用带有三维效果的形式（直接使用系统自带数据图表样式），更具有空间感。

第九节　如何制作中国风风格

中国风建立在中国传统文化的基础上，蕴含大量中国元素。

比如墨迹、古建筑、灯笼、扇子、纸伞、宣纸、祥云、纹理、铜钱、鼎、中国结、山水、毛笔、书法、竹叶、荷叶、印章、花瓣、青花瓷、剪纸、梅花、鹤、茶叶茶具、香炉、龙等。

在PPT中应用这些元素中的一种或多种，就能快速营造出中国风。

一、分析风格特点

① 体现浓厚文化气息。

② 以我国传统特色元素为主，对版面进行设计呈现，体现文化艺术美。

③ 画风可以有多种，有文艺素雅类型，也有雄伟粗狂类型。

- **关键点：**中国风素材。
- 除了素材，还需要注意颜色的使用。

二、找图获得灵感

我们可以在站酷等设计作品居多的网站收集灵感，也可以参考文物博物馆类网站，比如故宫博物院、中国国家博物馆等；还可以参考与传统文化相关的网站，比如茶、文化艺术品、中式别墅网站及传统节日专题等。

三、拆图获得参考

我们从上面搜索的结果中可以得到以下信息。

【画面感】古色古香，古典清雅，文化气息扑面而来。

【背景】浅色、纹理。

【颜色】红色、褐色、青色等。

【形状】各种中国风元素，墨迹、祥云、圆圈、线框等小元素居多。

【文字】衬线字体、书法字体必备。

【排版】类似古代书籍码字方式，竖版排列，是常见的做法。

四、制作实践

制作要点在于背景、素材、颜色、字体。

1. 背景

纯色背景：可以是深色或者浅色，需要保障内容的可读性和美观性。推荐使用中国

传统颜色或者直接从参考的图片上吸取颜色。

纹理背景: 搜索中国风纹理的图片或者相关网站下载,详见素材章节。

两种背景的效果图如下。

纯色背景
使用纤细素雅的字体

纹理背景
使用文艺范十足的字体

2. 素材

可以按素材名称在百度上搜索图片或者相关网站。这里推荐的是觅元素(51yuansu.com)网站。

● **重点元素推荐:** 墨迹,中国风制作的绝佳素材。既可以做装饰,也可以填充图片,或是作为底板承载文字/图片/图标;墨迹素材有很多种,不同墨迹效果不一样,可以从网上收集。

3. 颜色

建议直接从参考的设计图上,用取色器吸取颜色。如果希望自己搭配颜色,可以访问中国色官网,获取颜色。

4. 字体

不同字体体现不同风格气质: 纤细字体(无衬线),体现素雅;书法字体,体现雄厚;衬线字体,体现文艺。在很多风格里,我们都推荐无衬线字体,但在中国风里,衬线字体却能正好体现出文艺范,更具中国味。同时,书法艺术字体,也可以更好地体现中国风的文化气息。

衬线字体: 宋体、华文中宋、康熙字典体、方正清刻本悦宋简体、方正风雅宋简体、方正姚体简体、方正北魏楷书繁体、文悦古体仿宋、造字工房刻宋等。

书法艺术字体: 汉仪尚巍手书、叶根友刀锋黑草、叶根友唐楷简体、叶根友特楷简体、禹卫书法行书简体、汉仪魏碑繁等。

另外,小字为了投影清晰度,依然建议使用微软雅黑等无衬线字体。

华文中宋　　方正北魏楷書繁體

書體坊顏體㊣　　叶根友特楷简体

汉仪尚巍手书　禹卫书法行书简体

部分字体效果图

5. 美化PPT思路

以上分析了中国风的主要影响因素,接下来就是看如何将这些元素运用到风格中。

我们依然看一些案例。

封面

图片+祥云+印章+书法字体

大字字体：方正北魏楷书繁体

图片+印章+书法字体

大字字体：汉仪尚巍手书

图片+半透明蒙版+线框+书法字体

山+荷叶+印章+纤细字体

图片+墨迹+印章+祥云+衬线字体

墨迹+印章+祥云+衬线字体

目录

图片+线条+衬线字体

卡片+墨迹+衬线字体

山+祥云+荷叶+纤细字体

线框+祥云+剪纸图案+无衬线字体

过渡页

山+祥云+线框+衬线字体

剪纸图案+祥云+衬线字体

线框+印章+拼音+衬线字体

墨迹+印章+纤细字体

正文页

墨迹+线条+衬线字体

墨迹+图案+无衬线字体

印章+纸扇+线条+纤细字体

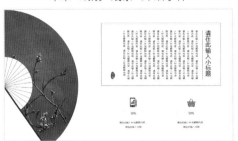

图片+竹子+线框+衬线字体

图片+线框+半透明蒙版+书法字体

图案+线框+纤细字体

图案+线条+纤细字体

图片+色块+图案+纤细字体

墨迹+古色古香图片填充

墨迹+灯笼图片填充

封底

山+荷叶+印章+纤细字体

第十节　如何制作卡片风格

卡片风格普遍使用于网站设计中，尤其是信息量比较大的网站，比如产品介绍、服务介绍等。因为卡片是一个比较好的承载信息的小容器，既能隔开内容，又能平衡美学与实用。

一、分析风格特点

① 具有创造性的画布，层次分明，灵活布局，告别单调。

② 主要通过在背景上添加圆角矩形色块及阴影实现，可以很好地突显内容及区分不同内容。

③ 在网页设计中使用较多。

- **关键点：** 白色块+阴影。
- 可在扁平化、微立体风格上改造。

二、找图获得灵感

此种风格在网站上使用较多，可以借助产品信息比较多的网站来感受卡片风格的简洁实用之美。

三、拆图获得参考

我们从常用网站的页面设计可以得知卡片风格的特点如下。

【画面感】商务简洁、内容承载虽多但不杂乱。

【背景】纯色为主（也可有图或者渐变）。

【颜色】卡片以白色为主，配色方案参考扁平风。

【形状】主要体现在卡片上，采用圆角矩形。

【文字】简洁的无衬线字体。

这里，提炼几种卡片常用的排版方式。

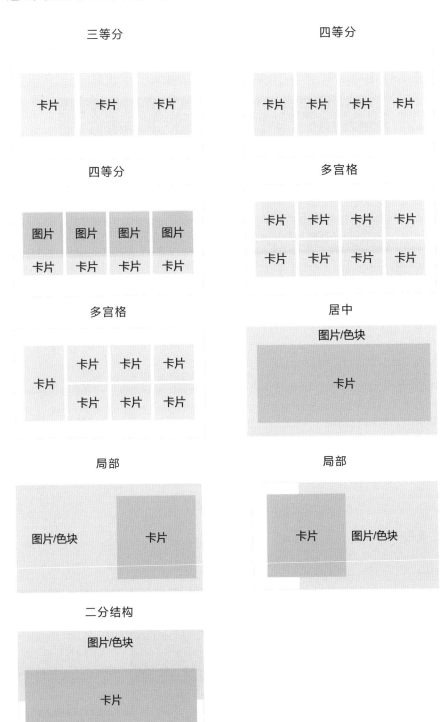

四、制作实践

制作要点在于卡片，其他的字体、图标等同扁平风格。

1. 卡片的制作

利用阴影和圆角矩形即可生成。

① 插入圆角矩形，拖拽"小黄点"，使得圆角弧度变得更小，这样更显精致，同时比直角更活跃和更具美感；然后，设置形状填充为白色，边框无填充。

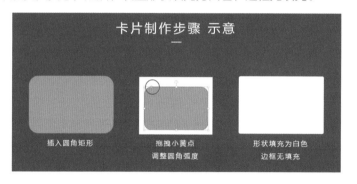

② 添加阴影"外部-居中偏移"，阴影颜色为黑色，其他参数设置如图示。

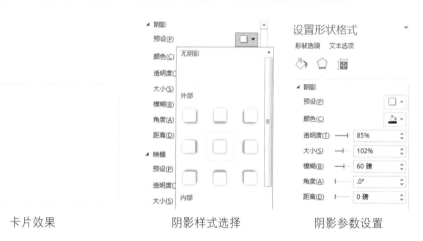

卡片效果　　　　　　　阴影样式选择　　　　　　阴影参数设置

2. 美化PPT思路

基于前面提炼的版式，进行套用和演变。

封面

目录页

过渡页

正文页一

正文页二

正文页三

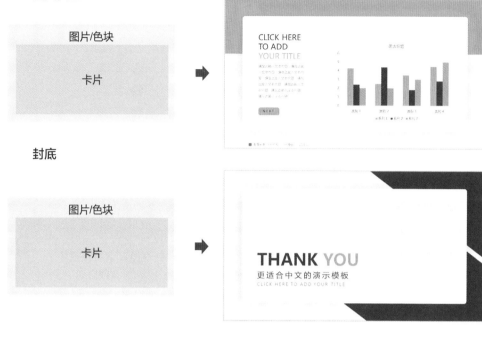

封底

第十一节 如何制作卡通风格

卡通风格是通过一些卡通人物画、场景绘画等素材，组成一个更具故事性的方案。

一、分析风格特点

① 用多个元素营造故事。

② 文字内容少，搭配的图需与内容相关。

③ 商务卡通：以纯色作为背景，并添加与内容相关的卡通人物形象、物品等，构成一个故事场景。

④ 少儿卡通：使用剪贴画及绘画作品等。

• **关键点：** 获取卡通素材。

• 风格设计接近于扁平。

二、找图获得灵感

针对两种不同类型的卡通风格，我们分别利用百度图片搜索"商务卡通场景""卡通儿童"，体验两种不同类型卡通风格的差异。

三、拆图获得参考

我们从搜索结果，可以得到以下信息。

【画面感】商务卡通：更偏职场工作，简约有趣；少儿卡通：更活跃，适合儿童作业，不适合职场。

【背景】商务卡通：纯色，颜色可以不限于白色；少儿卡通：以白色背景为主。

【颜色】多色。

【文字】商务卡通：无衬线字体；少儿卡通：手写字体。

其他如版式、形状等使用参考扁平风格。

两种制作方法类似，使用素材不一样。本节只分析职场PPT中应用到的商务卡通风格制作要点。

四、制作实践

商务卡通风格PPT比较简单，类似扁平风，主要是颜色选择及素材获取。

1. 颜色

单色背景：使用白色或浅灰色。

多色背景：从已有素材的背景图中，吸取背景颜色；可以有多种颜色。

通过百度图片搜索"扁平职业场景"，我们可以看到，几乎每一个卡通素材都有一个背景颜色。所以，当我们在使用此类素材时，可以直接吸取其背景颜色使用。如果获取的素材是透明的图片，我们可以参考类似素材的背景颜色。

2. 素材寻找

方式一：百度图片搜索"扁平职业场景""卡通职业""卡通商务"等词，可以搜索到很多相关素材。

方式二：通过百度搜索相关素材网站，如"觅元素""YOPPT"等。

3. 非透明素材的使用

如果我们选择的素材是带有底色的图片，不用担心，改造一下即可：将幻灯片背景设置为素材图片的底色。

取深蓝色为背景色　　　　　　　　　　　取橙黄色为背景色

4.透明素材的使用（PNG格式的图片）

PNG格式的图片，因为背景是透明的，所以使用起来非常方便，我们只需要设置好幻灯片背景颜色（可以是单一的浅色背景，也可以是多种颜色的背景），然后，将图片复制粘贴到PPT中稍作排版调整即可。

半透明素材直接

粘贴到页面效果

5.常用版式

左右版式

居中版式

第十二节　如何制作MBE风格

　　一位法国设计师，于2015年底在设计网站Dribbble上，发表了一些线框型Q版卡通画的图标。因其简洁可爱的画风，受到追捧与模仿，并随之大火。

　　这种风格以其设计师的网名"MBE"命名为MBE风格。

一、分析风格特点

　　① 简洁又可爱，萌萌哒。

　　② **典型特征：**色块偏移填充、粗线条描边、边框开口、断点。

　　③ 可以增加一些小圆圈、加号等形状点缀。

　　④ 类似插画的卡通风格，圆滑的线条，鲜明的颜色搭配，传递轻松愉悦的感觉。

　　• 可改造扁平风格中的图标及形状边框获得。

二、找图获得灵感

百度图片搜索"MBE"，结果主要以图标为主。

三、拆图获得参考

我们从上面的结果，可以论证MBE的风格特征。

【画面感】活泼、可爱、简洁。

【背景】纯色（白色或彩色）。

【颜色】彩色、鲜明。

【形状】边框开口的图标和色块。

其他文字、图片、版式等可参考扁平风格。

四、制作实践

MBE风格的制作主要是形状和图标的改造。

1. 图标的设计

利用现有扁平风的图标进行改造，并建议选择线性图标。如图标为实心，可只保留边框，不进行形状填充。

方式一： 利用编辑顶点，改造图标。

① 插入2个小矩形，利用合并运算，对图标进行"剪除"操作。

② 选中形状，右键编辑顶点；在凹进去的地方，选中一个点，再次点击右键，选择"开放路径"。

③ 选中不需要的点（凹进去部分为不需要），点击右键，选择"删除标点"。

④ 调整线条为3磅（太细会像简笔画），黑色，端点类型选择为"圆形"。

⑤ 在断接处，增加一小段3磅黑色线条，或者是圆点。

注意： 线条磅数不一定必须是3，和图标大小有关，粗细适中即可。

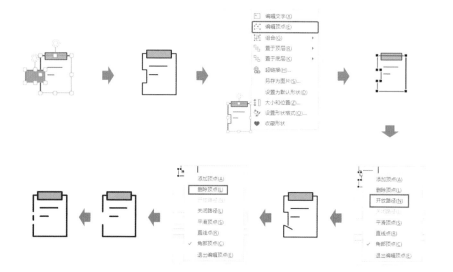

方式二： 借用边框形状，取巧改造。

只需利用基础形状里的弧形即可。

① 画个接近大圆的弧线（不闭环）；按住Shift键，画正圆。

② 用弧线绘制一小段（类似小点），且半径与如上弧线一致。

③ 利用对齐工具，上下、居中对齐两个形状。

④ 调整为3磅线条，黑色，端点类型"圆形"。

⑤ 加普通图标，线条3磅黑色；同时，增加色块，填充为主题色/辅助色，并偏移色块位置。

2. 色块的设计

① **有边框色块。**

a. 插入圆角矩形（或其他形状），无填充，边框填充为黑色。

b. 插入一个小矩形，利用合并运算，对大圆角矩形进行"合并形状-剪除"操作。

c. 选中圆角矩形，右键编辑顶点；在凹进去地方，选中一个点，再次点击右键，选择"开放路径"。

d. 选中不需要的点（凹进去部分），点击右键，选择"删除标点"。

e. 调整为3磅线条，黑色，端点类型选择为"圆形"。

f. 在断接处，增加一小段3磅黑色线条，端点类型为"圆形"，得到有边框色块。

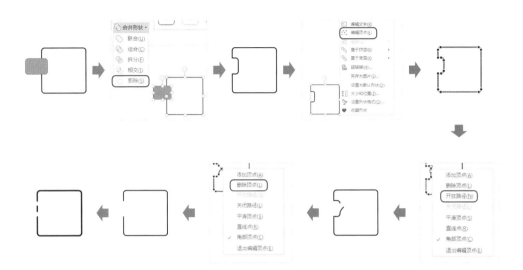

试试制作其他形状。

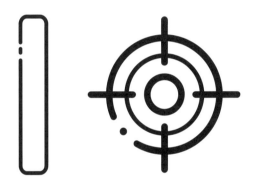

② **无边框色块**。

MBE风格除了Icon以外，还有一些辅助排版的元素，比如这两个。

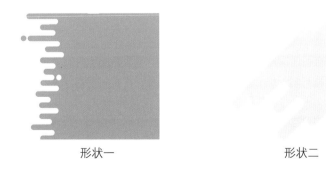

形状一　　　　　　　　　　　　　　　　形状二

如何制作？

形状一

a. 插入一个大矩形（非圆角），去除边框（以下形状皆去除）。

b. 插入多个细长的圆角矩形，并将末端调整成半圆形（拉动圆角矩形的黄色小点得到）；摆好位置（一个个挨着，不要重叠），同时注意高低错落有致；为方便拆解，给细长圆角矩形填充两种颜色。

c. 选中大矩形，然后选中所有红色的细长圆角矩形，进行"合并形状-联合"操作，得到一个形状。

d. 选中这个新生成的形状，然后选中所有橙色的细长圆角矩形，进行"合并形状-剪除"操作，再次得到一个形状。

e. 在某个位置插入一个圆（注意圆的直径=细长圆角矩形的窄边）；选中大矩形，再选中圆，进行"合并形状-剪除"操作。

f. 调整填充的颜色，得到最终的无边框色块。

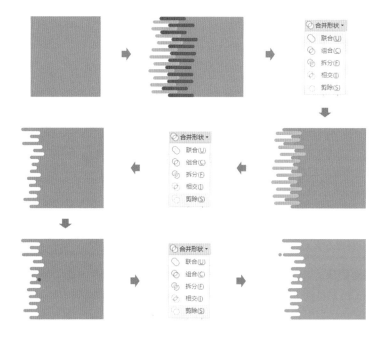

形状二

a. 插入多个细长的圆角矩形，去除边框，并将末端调整成半圆形（拉动圆角矩形的黄色小点得到）；并摆好位置（一个个挨着，不要重叠），错落有致。

b. 选中所有形状，进行"合并形状-联合"操作，生成新形状。

c. 如图新增4个细长的圆角矩形（如橙色）；选中上一步生成的形状，然后选中4个橙色圆角矩形，进行"合并形状-剪除"操作。

d. 旋转上一步生成的新形状，可借助Shift键，旋转45°。

e. 调整填充的颜色，得到想要的无边框色块。

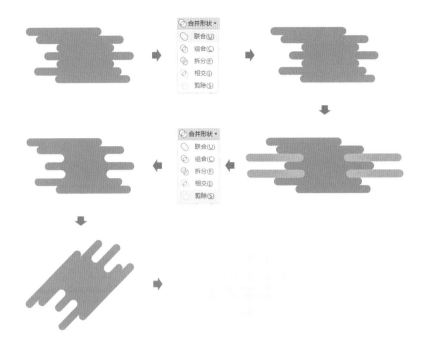

3. 美化PPT思路

前面的步骤制作出了MBE风格的主要元素，我们如何运用到PPT美化中呢？这里分享几种思路。

封面

① 采用上下版式结构。

② 借助已生成的特殊形状进行排版；并调整颜色为浅蓝色，减少对内容的影响。

目录页

① 采用四等分结构。

② 借助已生成的特殊形状进行排版；并调整颜色为浅蓝色，与图标进行搭配。

过渡页

① 采用左右结构。

② 借助已生成的两个特殊形状，辅助排版。

正文页样式

① 采用左右结构。

② 借助已生成的特殊形状，辅助排版。

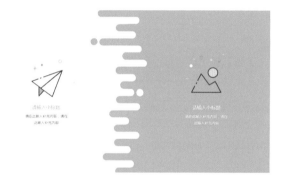

③ 采用左右结构。

④ 借助已生成的特殊形状，并填充为图片，实现图文搭配排版。

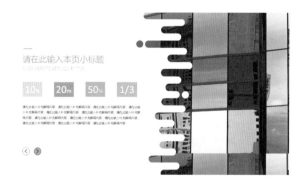

⑤ 采用上下结构。

⑥ 借助已生成的特殊矩形，填充柱形图，实现对数据图表的美化。

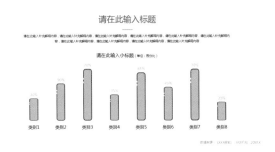

封底

① 复用封面元素。

② 将特殊形状进行垂直旋转，简单且有前后呼应的效果。

第十三节　如何制作高桥流风格

字要够大、够粗、够精炼！应急之用，制作超级简单。
和全图型PPT一样，演示的关键在于演讲者的发挥。

一、分析风格特点

① 大字报风格。

② 每页以极少文字呈现观点，将主要文字放大放大再放大，摆放在中间位置。

③ 内容精炼，对演讲者要求高。

④ 没有多余元素，制作快捷。

⑤ 背景简单，以白色居多，也可是渐变或者纯色。

- **关键点：** 字要足够大。
- 白底黑字，稍加强调颜色，无需装饰元素。

二、找图获得灵感

百度图片搜索"高桥流"，如下截图，特征显而易见。

风格来源： 高桥流源自高桥征义2001年的一次演讲中，因为恰巧没有演示工具，于是高桥使用了与一般主流演示方式完全不同的方法。他使用HTML制作投影片，并用极快的节奏配上巨大的文字进行演示，带给听众有如与日本电视动画新世纪福音战士（EVA）相同的视觉冲击。

三、拆图获得参考

我们从搜索结果中，找到高桥流风格的特征进行分析。

【画面感】极简，白底黑字，加一些英文点缀。

【文字】字号够大，字体浑厚粗壮，文本占据整个版面的中间位置。

字体推荐： 微软简综艺、黑体、微软雅黑（加粗）、百度综艺简体、造字工房力黑常规体等。

【背景】白色（也可是纯色或者渐变色），越简单越好。

【颜色】黑色为主，红色点缀/强调。

【图片】基本无图（如需呈现，按需添加小图到合适位置）。

【形状】无色块、无图标。

【版式】居中摆放。

四、制作实践

高桥流风格非常简单，选好字体，填写文字即可。有几点需要注意。

① 选择浑厚粗壮类型的字体，或者简单点——微软雅黑加粗。

② "居中排版"以及"对齐多行文字"。

③ 除个别对比突出，不用使用红色突显大字内容，因为字号已经够大够粗。

④ 只使用关键词，注重演讲引导，不求传递完整内容。

⑤ 这种极简风格主要在于提升制作效率，追求简单实用即可，不用花费精力进行装饰。

因制作简单，不做实操。分享两种字体带来的效果。

方正兰亭粗黑字体效果图　　　　　　　　方正综艺字体效果图

第十四节　如何制作发布会风格

这种风格常见于互联网、手机科技公司发布会。

一、分析风格特点

① 公司开发布会用。

② 以高清全图或者深色渐变为背景，配上少量文字。

③ 文字颜色以白色为主。

④ 需要对内容进行提炼，简明扼要地表达观点。

⑤ 可以对版面元素进行精细设置，也可以简单使用"深色渐变背景+文字+形状"。

- **关键点：**多看手机公司发布会PPT。
- 内容提炼很关键，同时呈现上可以结合全图风格。

二、找图获得灵感

每年各大手机企业都会召开发布会，比如苹果、华为、小米等；也有很多互联网公司召开发布会；这些都是很好的参照物和灵感来源。如下图为百度图片搜索"发布会ppt"结果。

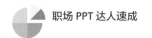

三、拆图获得参考

【画面感】内容简洁，深色为主，图片使用精美，体现故事性、制造沉浸感，引发情感共鸣和联想。

【文字】无衬线字体居多，方案标题可用特殊字体。

【背景】深色渐变、全图。

【颜色】背景以黑灰/深蓝渐变为主，文字以白色居多。

【图片】高清大图（用于背景）、产品图片等。

【形状】图标、圆形为主。

【版式】居中、左右结构。

四、制作实践

这种风格设计，关键还是在于多看大公司的发布会作品，前期多进行模仿设计，然后再一点点创新。

1. 版面大小

通常我们制作的PPT是16：9或者4：3，但对于发布会PPT，有可能是16：9，但更多时候会是其他尺寸。所以，首先就需要知道场地所用屏幕的尺寸，以确保投影效果。

版式设置操作： 设计-幻灯片大小-自定义幻灯片大小。

2. 背景

常见背景一： 渐变深色。

常见背景二： 以精美大图充当背景，图片可以使用与内容匹配的大图，也可以使用抽象图案元素的背景（比如线条、科技粒子等）。

深蓝色-射线渐变 渐变方向：从中心向四周辐射。

抽象图案充当背景

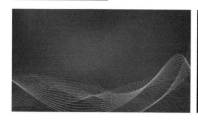 

抽象图案充当背景

增加半透明蒙版/色块

空白区域填写文字

3. 版式

发布会风格常见的几种内容排版方式如下。

居中

并列+等分

多宫格

左右分布	左右分布	对称
文字区域	高清大图（产品） 文字区域	图（产品） 文字区域 图（产品）
高清大图	渐变背景	渐变背景

文字靠右
高清大图+蒙版+文字

文字精简
居中摆放

三等分+并列
图标+圆形美化

三等分排版，版面较长
时可调整为左右型结构

多宫格排列
呈现多个内容信息

文字精简+产品效果图
居中摆放

文字精简+产品效果图
左右摆放

利用产品图
制造画中画效果

大字报形式
居中摆放

背景彩色渐变
左右摆放

第十五节 如何制作低多边形风格

低多边形风格是一种复古未来派风格设计，既回到过去，又回到未来，在摇摆不定中寻找美学的平衡。

一、分析风格特点

① 低多边形风格是一种由几何多边形主导的艺术风格。

② 通常用三角形分割，相邻的两个三角形颜色不一样。

③ 将图片转换为多边形色块组成的图形，可以用作背景或者页面装饰元素。

• **关键点：** 低多边形素材，网上搜索或利用工具设置。

• 可通过在杂志风格基础上，增加低多边形背景或装饰，快速获得低多边形风格效果。

二、找图获得灵感

百度搜索"低多边形风格"，结果如下。

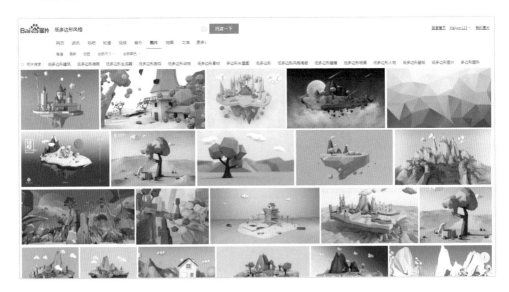

从搜索结果看，低多边形风格在设计中，主要体现在两个方面进行低多边形化设计：**纯色图片和图像主体**（如动物、树木等）。

看一个在PPT中的应用案例。

三、拆图获得参考

【画面感】简单几何图形，简洁清新，富有设计感。

【背景】浅色低面图片。

【颜色】根据风格需要，通常使用较多的是蓝色、橙色、红色等。

【文字】无衬线字体。

其他版式、排版等同杂志风格。

四、制作实践

低面风格制作要点主要在于低多边形图片素材的使用。

1. 最简单的方式：替换背景

将杂志风格、扁平风格或者长阴影风格的背景换成一张浅色的低多边形图片。素材可以在百度上搜索下载，非常多。

长阴影风

低多边形风

2. 略麻烦的方式：使用工具

使用工具制作低多边形素材需要投入一点学习成本，但总的来说比从无到有的制作简单很多。一般有两种操作方式。

① 添加较少的点，得到粗犷的效果，适合当背景。

② 沿着图像中的主体轮廓添加很多的点，得到精细的效果，使主体呈现更艺术。

【工具推荐】

✓ I ♥ △ Triangulator

使用方法：打开网址，拖入图片，可随机生成（粗狂，适合当背景）；也可精细操作（对图像主体进行设计）。

✓ ImageTriangulatorApp

电脑版，下载后解压即可使用。

使用方法：导入图片，沿着图像主体轮廓（包括整体大轮廓和重要细节的轮廓，比如人物的眼睛、嘴巴等）添加点，点越多越精细。

软件界面。

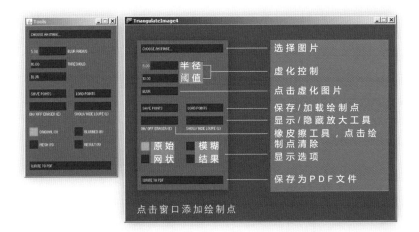

✓ Dmesh

有电脑版和IOS版，电脑版无需安装，直接使用。

使用方法：使用方法和上一个工具一样，沿着有轮廓的地方添加顶点。

✓ **两款手机APP：选择照片/拍照，即可生成低多边形效果。**

Tigraff（IOS）　　PolyGen（Android）

使用方式都非常简单，在手机应用商店下载即可。

3. 美化PPT思路

封面

以低多边形图片为背景

多彩低多边形图片装饰版面

目录

低多边形背景+左右结构+线条

借助卡片，承载内容

过渡页

低多边形背景+线条装饰

多彩低多边形图片+斜切三分

正文页

低多边形背景+几何形状

以低多边形图片代替色块，美化版面

低多边形背景+网状装饰+左右结构

以多彩低多边形图片填充形状

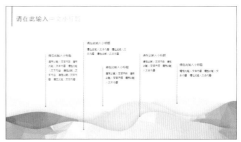

低多边形背景+居中结构

三分结构+低多边形图片装饰

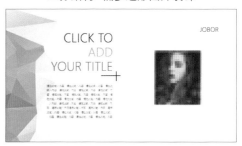

封底

低多边形背景+简单形状

多彩低多边形图片+文字

低多边形背景+文字+线条区隔

第十六节　如何制作手绘风格

手绘风在PPT之外很常见；

想想学校的黑板报，平时构思灵感时写写画画的笔记草稿……

这种风格应用到PPT中，虽然制作比较麻烦，但能营造轻松幽默的气氛，和富有创意的呈现效果。

一、分析风格特点

① 简洁而富有创意，简约而不失美感。

② 通过有趣、个性化的手绘设计元素搭配，让PPT更别致。

③ 主要是文字和图形搭配，图片使用较少。

④ 制作难度较大。

- **关键点：** 手绘素材。

- 制作与修改比较麻烦，可以利用一些取巧方式。

二、找图获得灵感

任何一种风格在具体使用的时候，都会有多种细分类型。如下每张图都是一种手绘风格。

三、拆图获得参考

我们从搜索结果，可以得到如下信息。

【画面感】轻松愉悦，笔画流畅，像是精心绘制。

【背景】浅色（纸张纹理）、深色（黑板）。

【颜色】深灰色（类似笔）、白色（类似粉笔）为主，也可彩色。

【形状】手绘素材。

【文字】无衬线字体、手写字体、卡通字体。

【排版】以图标、线框为主，图片少。

四、制作实践

手绘风格制作要点主要在于手绘素材。这里分享几种素材获取方式。

1. 最快的方式

网上搜索下载手绘素材。各种素材几乎都能找到，通常有两种可以直接套用，一种是PNG图片格式（百度图片搜索），二是矢量素材，可以在PPT中随意更改颜色和放大缩小（PPT素材网站，如"第一PPT""YOPPT"等）。

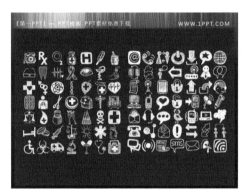

矢量手绘素材

2. 凑合的方式

利用基础形状制作手绘效果。

① 增加线框：给现有图标增加一个手绘效果的边框。

插入形状　　　　边框填充　　　　选中圆圈，右键选择"编辑顶点"　　　选中一个点，右键选择"开放路径"

添加图标
调整线框：3磅

选中圆圈，再次"编辑顶点"
拖动顶点+调整控制柄，制作不规则效果

开放路径后，效果图

【试试其他形状】

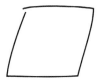

圆角矩形　　　　　　　　　　　五角星　　　　　　　　　　　　平行四边形

② 自带手绘效果的形状：可用于填充文字等。

形状1　　　　　　　　　　　　形状2　　　　　　　　　　　　形状3

【试试加个色块做底板】

形状1　　　　　　　　　　　　形状2　　　　　　　　　　　　形状3

3. 用手绘素材填充

网上搜索或者自制填充素材。

自制笔画纹理

① 插入形状−选择"自由曲线"。

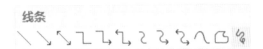

② 任意绘制一个曲线图。

③ 复制上一步生成的曲线图，组成更大的曲线图。

④ 根据风格需要，修改线条填充颜色。

⑤ 复制曲线图，粘贴为"图片"，并裁切。

⑥ 使用图片，填充图标文字。

注：被填充的文字，建议使用较粗字体或加粗。

4. 图片的艺术处理

将形状（主要是图标）和文字，转换成图片（复制-粘贴-选择粘贴方式为图片），然后对图片进行艺术处理（选择"铅笔灰度"），得到手绘效果。

图片的艺术处理

选择图片-艺术效果-铅笔灰度

5. 全手动方式

在白纸上用笔绘制图标或文字，通过拍照或扫描生成图片的方式，得到手绘素材，使用到PPT中。

① **找好参照对象。**

比如要画一个"飞机"的图标，我们可以在百度里搜索"飞机图标"，找到临摹的对象，或者到图标网站（如iconfont.cn）选择参照对象。

需要注意，为了保持风格统一，选择的参照图标需要是同一种风格类型。比如都是实心填充的图标，或者都是线性图标。

建议参照线性图标进行绘制，实心填充的图标可以用素材填充的方式得到。

② **在白纸上进行临摹。**

如果不会画图，可以把需要参照的图标打印出来，用白纸覆盖在其上方进行临摹。这里需要注意，临摹的线条不要断断续续，尽量连贯。临摹完之后，我们还可以再次对线条加粗。

③ **拍照或扫描成图片。**

用手机拍照或者扫描工具（比如全能扫描王APP、扫描机器等），生成图片，使用到PPT中。

④ **图片调整。**

如果图片较暗，可以通过对图片的处理（亮度/对比度调整、重新着色），进行调整。

全手动方式操作示意如下。

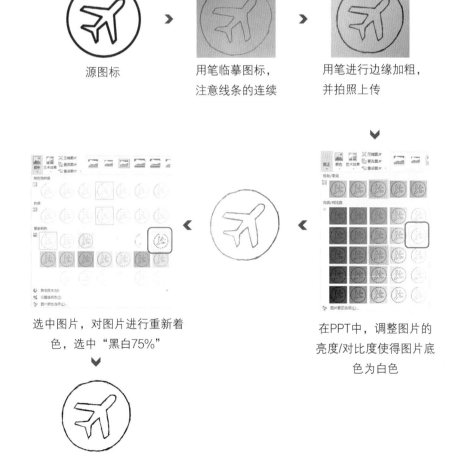

源图标

用笔临摹图标，
注意线条的连续

用笔进行边缘加粗，
并拍照上传

选中图片，对图片进行重新着
色，选中"黑白75%"

在PPT中，调整图片的
亮度/对比度使得图片底
色为白色

【试试绘制流程图】

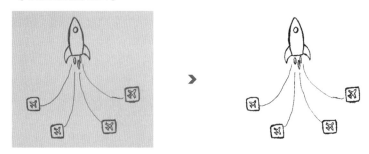

6. 字体

手写字体推荐：新蒂黑板报体、方正喵呜体、方正静蕾简体、方正少儿简体、造字工房情书体、华康少女文字体、书体坊赵九江钢笔行书体等。

7. 美化PPT思路

封面

深色黑板底图+粉笔字体，黑板图可以百度搜索图片，或者到专业图片网站搜索下载。

浅色笔记本格子（图片或背景图案填充）+钢笔字体。

目录

巧妙借用图片上的元素和空间+粉笔字体。

弧线+手绘图标+钢笔字体。

过渡页

自带手绘效果的形状（PPT中的基本形状）+粉笔字体。

自带手绘效果的形状+色块+钢笔字体。

正文页

图片填充形状+手绘线框+手写字体

线条+图片填充图表+手写字体

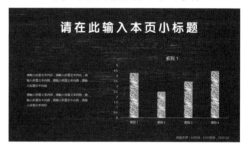

手绘流程图+线条+手写字体

线条+手绘素材+手写字体

封底

黑板图+粉笔字体

线条+手写字体

第十七节 如何制作学术风格

专业、严谨的学院派风格。

一、分析风格特点

① 常用于毕业论文及需要结构化呈现的方案。

② 内容及页面呈现比较结构化、模块化，多使用类似网页的导航栏。

③ 以表达内容逻辑和观点为主，宜浅色背景。

- **关键点：** 添加导航栏（上下左右的位置都可以）。
- 可以在比较简洁的PPT风格基础上改造。

二、找图获得灵感

学术风PPT主要在教学科研、论文答辩等场景使用，网上较多的参考作品是毕业论文答辩模板，或者可以参考学校/学术性网站。

三、拆图获得参考

我们从搜索的结果得到如下信息。

【画面感】简洁、清晰、严谨、结构化，风格稳重；扁平化、关系图表使用较多，图片、炫酷元素使用少。

【背景】以白色为主。

【颜色】单色系、冷色调（蓝色、绿色），以蓝色居多。

【文字】无衬线字体。

【版式】可以为每页增加导航（类似网页菜单栏），体现内容结构。其他形状、排版等类似扁平风，比较简洁。

四、制作实践

相较于其他风格，学术风PPT在版式上更简洁，以体现内容观点、框架逻辑为主。可以选择在较为简洁的风格（如扁平风）基础上进行改造。

1. 为每页添加导航

左侧导航：小色块+线条+文字

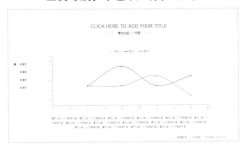

左侧导航：图标+色块+文字+线条

左侧导航：小圆点+文字+线条区隔

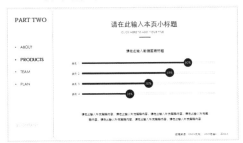

右侧导航：图标+色块+文字+线条

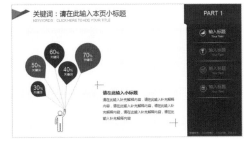

顶部导航：文字+线条

顶部导航：色块+文字+线条

2. 多使用关系图表

尽量使用专业的图形（关系图表）来表达，这样不仅会显得PPT很专业，而且逻辑会更加清晰。

比如SWOT、波士顿矩阵、五力模型、生命周期分析等营销模型。或并列、循环、流程、层次结构等关系图表。

对于学术型方案，我们不需要太花哨，可以借用系统自带SmartArt来满足关系图表的使用需要。

操作: 插入-SmartArt。

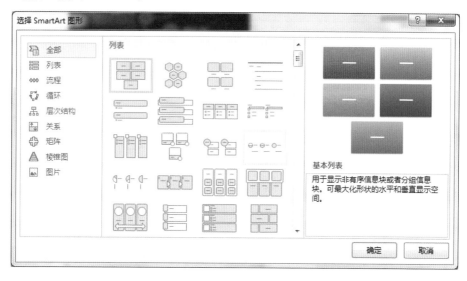

3. 文字较多时借助色块

方式一: 浅色色块。

方式二: 白色卡片（当需要放置白底图片时，使用方便）。

浅色色块，区隔不同观点内容　　　　　　　　卡片区隔不同观点内容

公式呈现

如何插入公式?

插入已有公式类型: 插入-公式。

插入新公式: 插入-公式-插入新公式，根据提供的功能，自定义编辑。

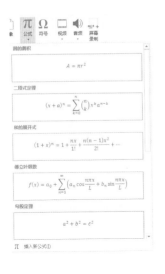

4.封面制作

文字版本

以纯色为背景

加图标

增加一些教学研究相关的小图标

加张图片

增加一些书本、研究、博物馆、单位建筑等图片

其他页面设置参考扁平化风格。

第十八节　如何制作长阴影风格

在扁平风的基础上增加拉长的阴影，于是，就有了长阴影风格。

和常规阴影不同的是，这种阴影不能使用系统自带的阴影设置来实现；通常，我们借助形状来实现长阴影的制作。

一、分析风格特点

① 扁平化的延伸。

② 改变扁平化的极简，增加一种渐变透明的长阴影效果，使得更具层次感。

③ 长阴影的效果，简单点的话，体现在形状和图标上就可以。复杂一点，还可以体现在文字上（用大字的时候，比如封面大标题、过渡页文字）。

- **关键点：** 阴影设置+渐变+透明。
- 借助任意多边形，生成更贴合形状的长阴影。

二、找图获得灵感

我们在站酷上搜"长阴影"，得到右图。可以看到，长阴影几乎都是使用在图标上，所以，我们在制作长阴影风格PPT时，也主要是针对图标进行修改。

三、拆图获得参考

我们进行拆图，主要从几个方面入手。

【画面感】和扁平风类似，但更具层次感。

【形状与文字】添加长阴影，长阴影可以不透明，也可以渐变透明。

● 阴影方向需与光照方向保持一致；

● 光照方向一般是从左上到右下45°斜照；

● 光照一般为平行光线；

平行光线

● 以外框为边界，凡是通过光照能产生可见阴影（不会被主体形状或文字内容遮挡）的部分，都需要绘制长阴影。

其他背景、颜色、字体、图片、版式等参考扁平风。

（示例）

四、制作实践

长阴影风格和微立体一样，是完全可以在扁平风基础上进行修改产生的。因此，我们主要介绍如何制作长阴影效果以及如何在扁平风基础上改造。

要体现长阴影风格，只要动两个地方：形状（包括色块、图标）和文字；其中，以形状为主，文字为辅（也可不做文字阴影）。

1. 手动模式

① 借助基础形状或鼠绘任意多边形制作长阴影素材。

形状长阴影制作。

色块

a. 插 入 圆 角 形 状

同时按住Shift键
生成四边相等的圆角矩形。

b. 插 入 矩 形

旋转为45°方向
长方形的宽=圆角矩形对角线长度。

c. 修 改 矩 形 填 充

去除边框，渐变填充；两个渐变
光圈皆设置为黑色，调整透明度。

d. 将 阴 影 置 于 底 层

选中阴影（矩形），右键，选择"置于底层"。

e. 效 果 如 下

【如何调整渐变透明】

更改矩形为"渐变填充"
选择渐变方向为"线性-线性向右"。

设置渐变光圈为黑色+透明
选择第一个渐变光圈，填充黑色，70%透明；
选择第二个渐变光圈，黑色，100%透明。

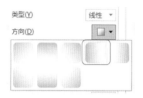

*渐变颜色，也可以选择灰色或其他颜色，根据配色调整；一般填充为黑色+透明即可。
*两个渐变光圈的透明度，阴影末端的渐变光圈，设置为100%，可以更好地与背景融合。

图标

a. 原始形状
光照产生阴影区域重合度高
需要通过边缘绘制整块阴影。

b. 绘制平行光照
按住Shift键,绘制45°方向线条
标注光照与图标最边缘的相交点。

c. 绘制任意多边形
插入"任意多边形"，连接3个点，并
按住Shift键，贴合光照斜线完成绘制。

* 光照方向为从左上方45°向右下方，借助绘制光照斜线与图标边缘的交点（如图红圆圈所示），并在内部合适位置增加一
个点辅助（如黄圈所示，辅助点是为了覆盖图标中间空白地方，形成阴影；非所有的图标都需要，取决于是否存在空白区
域未被阴影覆盖）。

d. 设置阴影
参照圆角矩形的阴影设置，去除边框，渐变填
充，选择"射线-从左上角"；并置于底层。

e. 调整渐变光圈位置
设置后，阴影末端并没有很好地与背景融合
继续调整第二个光圈的位置为75%。

色块和图标

a.添加色块＋图标
复用如上做好的素材。

b.获得图标阴影与色块重合的部分
先后同时选择图标和色块，进行"合并形状-相交"操作。

获得相交部分　　修改颜色为
　　　　　　　黑色70%透明

? 找找存在什么问题：小飞机图标的阴影超出色块边界。

c.替换
用新生成的阴影替换图标原有阴影。

② 文字-长阴影制作。

文字 操作方式同图标。

a.添加辅助参考
　绘制光照斜线，圆圈标示相交点、辅助点
辅助点是为了保证会产生阴影的部分不会遗漏。

b.绘制任意多边形
插入任意多边形，链接各点中心，并沿最外侧斜线绘
制，需要确保会产生阴影的部分不会遗漏。

c.修改阴影
参考图标对阴影的设置
删除斜线及圆圈。

色块和文字 操作方式同色块和图标。

➢ 试着操作

* 如果放大缩小时，文字不能与阴影吻合，可以先将文字通过"合并形状"转换成形状，并将其与阴影组合后，进行操作。

2. 半自动模式
借助插件iSlide制作长阴影素材。

① 复制原文字。

按住Shift键，绘制一根45°斜线，
沿着斜线，在末端复制一份原文字，
将复制的文字"置于底层"。

② 同时选中文字，添加补间动画。

只需要更改补间帧数，帧数越大，长阴影边缘越平滑，但对电脑配置要求越高；
过高的帧数，会致电脑卡顿甚至死机。

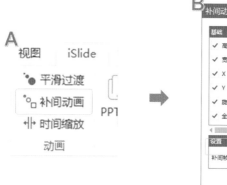

③ 合并文字，生成长阴影。

如下左图为"补间动画"后，生成的大量文字叠加效果。

同时选中除原文字外的其他文字，通过"合并形状 - 联合"，生成长阴影效果。

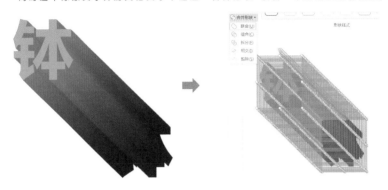

④ 添加辅助形状，修补锯齿边缘。

如下左图为"形状合并"后，生成的带有锯齿边缘的长阴影效果。

添加矩形，去除边框，旋转45°，并贴合各锯齿边缘摆放。

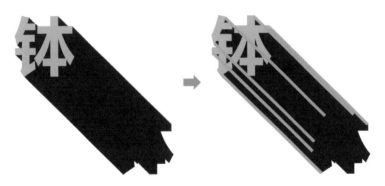

⑤ 调整长阴影设置。

同时选中矩形和长阴影，进行"合并形状 - 联合"操作，得到如下左图效果。

调整长阴影颜色填充及透明度，详细操作见手动模式的"色块"设置，

还可再次利用"合并形状"操作，修剪长阴影右下角末端。

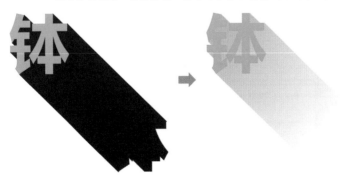

- 形状（图标）阴影的制作方法和文字一样；
- iSlide工具下载请百度搜索。

3. 如何应用？

在扁平风基础上插入长阴影素材，实现长阴影风效果。

【做法】插入矩形，设置渐变填充，填充为黑色，调整透明度。

扁平风　　　　　　　　　　　　　　　　　　　　长阴影

【做法】如上做法，还可以给图标添加阴影；同时，建议使用实心填充的图标。

扁平风　　　　　　　　　　　　　　　　　　　　长阴影

扁平风　　　　　　　　　　　　　　　　　　　　长阴影

第十九节　如何制作2.5D插画风格

各大网站、APP、UI设计、图标等都有2.5D插画风格的踪影。

一、分析风格特点

① 介于2D和3D之间的等距插画效果。

② 不一样的卡通风格，鲜明的渐变色彩，清新又具有创意，还具有故事性。

③ 制作2.5D素材难度较大，好处是网上一堆现成素材可用。

- **关键点：** 渐变+素材。
- 不要想着自己画。

二、找图获得灵感

在百度图片搜索"2.5D页面"，这种风格的特征会跃然纸上。

三、拆图获得参考

我们从搜索结果分析，可以得到以下信息。

【画面感】清新简约、卡通可爱的插画风。

【背景】主要以白色为主，也可以渐变或深色。

【颜色】鲜艳、多色、渐变；使用较多的配色方案是多色渐变搭配，也可以单色渐变，比如常见的蓝色系。

【文字】无衬线字体。

【版式】左右或者上下排版为主，多以不规则形状辅助排版。

【形状】大面积不规则形状为主（用基础形状+编辑顶点功能制作）。

【特殊素材】2.5D插画效果图。

四、制作实践

使用PPT制作2.5D素材也是可以实现的，主要借助形状的三维效果设置，但太过于费时费力。这里依然分享如何利用现有的素材进行制作，包括素材获取和利用不规则形状辅助排版。

1. 素材

方法一：百度图片搜索"2.5Dpng""2.5D素材"等关键词。

方法二：百度搜索相关素材网站或者收藏几个专业的素材网站。比如觅元素（www.51yuansu.com）、Yoppt（www.yoppt.com）、千库网（www.58pic.com）、90设计（www.90sheji.com）等。

2. 不规则形状设置

① 插入基础形状。

② 右键-编辑顶点。

③ 拖动控制柄，调节顶点弧度度。

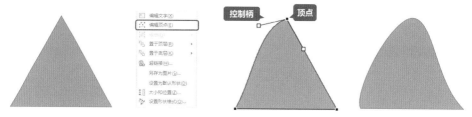

④ 边框填充为无，形状填充为渐变色或纯色。

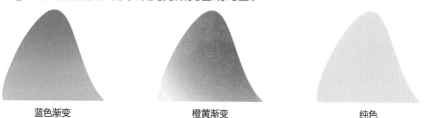

蓝色渐变　　　　　　　　橙黄渐变　　　　　　　　纯色

【试试其他形状】

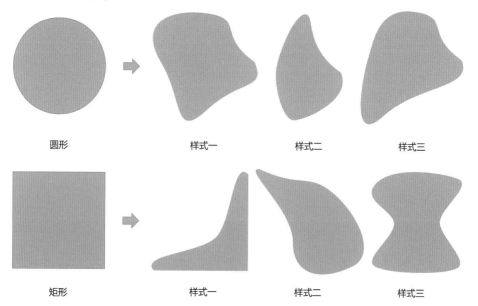

圆形　　　　样式一　　　　样式二　　　　样式三

矩形　　　　样式一　　　　样式二　　　　样式三

3. 美化PPT思路

① **封面。**

我们在觅元素上找到一个2.5D素材，加上我们绘制的不规则形状，进行适当排版，得到如下效果图。

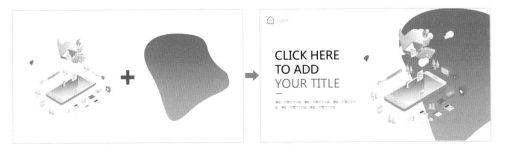

还可以再增加一个卡片（卡片的设置见卡片风格章节）。

② **目录。**

素材+不规则形状　　　　　　　　　　　　　　　　素材+不规则形状+卡片

③ **过渡页。**

素材+不规则形状　　　　　　　　　　　　　　　　素材+不规则形状+卡片

④ **正文页。**

卡片+不规则形状+数据图表

素材+不规则形状+卡片

借助素材特点，排版内容

借助素材特点，排版内容

放大素材尺寸，二等分版面

⑤ **封底。**

素材+不规则形状

第二十节 如何制作多彩风格

严格来说，这不算一种单独的风格，我们可以将其他的任何一种风格，改成多种颜色，然后就有了多彩风格。

一、分析风格特点

① 使用的颜色在两种及以上。

② 需要合理搭配颜色，使用不当，会使得方案比较杂乱、跳跃。

③ 疲倦了单色系或者需要比较活跃感觉的时候，可以试试多色。

● **关键点：** 颜色组合。

二、制作实践

如何制作一个多彩风格？我们可以先确定扁平风格、杂志风格，或其他风格作为基础，然后再来配置颜色搭配。

但是有个问题：对于新手的我们，哪几种颜色搭配在一起好看？是否能有更直观的设计效果图来供我们参考判断呢？

所以建议**找配色好看的设计成图，然后从图上直接取色**。

示例1：从图标上取色。

示例2：从图片上取色。

颜色选择好之后，接下来就是结合其他风格进行制作，更改形状和图标的颜色，以达到多彩风效果。

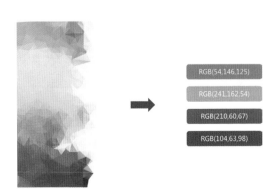

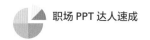
扁平风：单色系　　　　　　　　　　扁平风：多彩

2.5D风：单色系　　　　　　　　　　2.5D风：多彩

卡片风：单色系　　　　　　　　　　卡片风：多彩

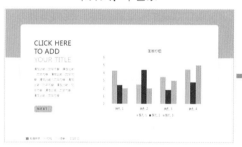
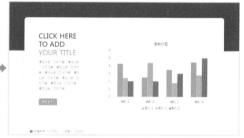

IOS风：单色系　　　　　　　　　　IOS风：多彩

第四章　版式：
套路满满，
再也不愁不会排版

第一节　一个高效美化PPT方案的指南

PPT美化还有步骤？

遵循一些规律，美化时会更快捷、更高效。

一、美化PPT的建议思路

如何美化一份PPT方案，不同的人会有不同的习惯。如果你还是有点混乱，不如试试以下推荐的美化思路。

注：这一节并不涉及新的知识点，更像是对前面章节中知识的串讲，并进行实际应用。

整体设定
- 确定PPT采用的风格。
- 母版设置：字体、颜色、装饰等共性元素。
- 设置文件保存选项。

美化内容
- 将文字内容结构化、可视化表达。
- 调整字号、行间距等。
- 美化图片、形状、图表等。

细节完善
- 检查排版4大原则的使用。
- 增加风格装饰。
- 检查调整各个对象的细节。

加点动画
- 添加页面切换。
- 其他动画可不加。

二、整体设定

1. 确定PPT采用的风格

参考风格章节，20余种风格，总能找到一种适合的。

2. 母版设置

参考幻灯片模板章节内容，设置字体、颜色、尺寸、背景、装饰（比如logo）以及一些共性页面（过渡页、正文页等）。

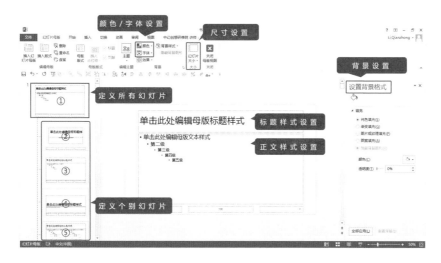

3. 设置文件保存选项

主要用于保存高清图片：点击界面左上角"文件"，并点击"选项"；在弹出的窗口中，进行截图所示设置［"高级"-勾选"不压缩文件中的图像（N）"］。

三、美化内容

1. 将文字内容结构化、可视化表达

请参考第一章"一份合格PPT的关键是什么？"、第二章"排版利器Smartart，搞定关系图表"的内容。

2. 调整字号、行间距等

请参考字号、文本特效等章节内容。

行间距使用。

① 一行文字内容：比如标题，不需要设置行间距。

② 多行文字内容：比如正文，一般使用1.2~1.5倍行间距。

3. 美化图片、形状、图表等

请参考图片、形状、数据图表等章节。

四、细节完善

1. 检查排版4大原则的使用

请参考排版设计原则章节内容。

2. 增加风格装饰

请参考排版设计原则（重复原则）章节内容。这里的作用主要有两个：一是美化版面，二是体现PPT风格。另外，增加什么样的装饰，取决于所使用的风格，可以是一个小形状、线条，也可以是某个图片元素。

示例1：低多边形风格，图片元素重复。

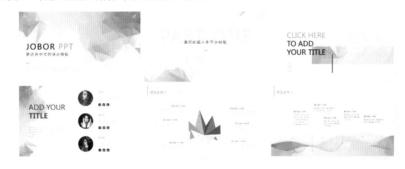

示例2：褐色文艺风格，线条、形状等元素重复。

3. 检查调整各个对象的细节

一页页查看，字体、行间距、图形、图片、数据图表等是否遗漏未美化，查漏补缺。

五、加点动画

1. 添加页面切换动画

请参考动画章节内容。

2. 其他动画可不加

除需要表现先后顺序（如流程图）、强调信息（如某个数字）时，可以适当增加动画以外，其他不建议添加动画，以免干扰视线。

第二节　常见版式之封面封底

　　封面是PPT的第一印象，可以快速吸引用户的注意力；

　　但是，封面设计也是一个让人非常头疼的问题，很多人在设计封面所用的时间接近整个PPT制作时间的一半。

　　本节将分享一些PPT封面设计的小技巧，实现对封面的高效制作。

一、封面封底通常包含的元素

1. 封面

封面通常包括：公司Logo、主题（大标题，也许还有副标题）、汇报人、时间；此外，可能还会包括地点、版本信息等。

2. 封底

封底通常简单很多，一般包括：公司Logo、"谢谢观看"/"THANK YOU"、汇报人、时间；此外，还可以增加地点，也可以用口号型的句子（比如带着梦想奔跑等）代替"谢谢观看"/"THANK YOU"。

二、封面的快速制作方法

1. 加形状

我们可以只增加几个基础形状，也可以用多种形状摆放，进行装饰。

简单点　　　　　　　　　　　　　　　　复杂点

2. 加图标

我们可以只增加1个图标，也可以使用多个图标为背景装饰。

简单点 复杂点

3. 加图片

我们可以增加一张全图，也可以增加一张半图。

全图 半图型

可以做成拼图效果，也可以增加形状作为装饰。

单张图或者多张图填充形状 增加形状、线条等

还可以更自由一些。

三、常见的封面版式

如上案例，基本包括常见的封面版式。下面对几个版式做简单总结，图中标示的图片（PICTURE）也可以替换成形状、图案等元素。

居中型

上下型

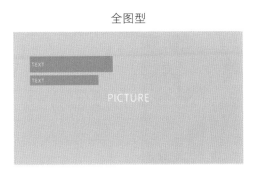

左右型

全图型

四、封底的快速制作方法

封底一般可以采用以下两种版式，居中型和左右型。

居中型

THANK YOU

左右型

THANK YOU

如果需要丰富点，请参考封面的制作。

第三节　常见版式之目录与过渡页

目录和过渡页，不用太复杂；

起到内容大纲的提示及过渡作用就可以。

当然，为了更好地贴合风格，我们也可以设计得更丰富些。

一、目录页的常见版式及做法

PPT的目录可以帮助读者快速知道方案想要传达的内容（特殊情况下，也可能不使用目录页，比如页数非常少，或者需要循序渐进的讲述一个故事等情况）。

通常，目录页可以只是简单的选择左右结构或上下结构。

左右结构　　　　　　　　　　　　　　上下结构

我们还可以参考这样的左右结构。

我们还可以参考这样的上下结构。

另外，我们还可以参考这些布局。

倾斜摆放

中心发散

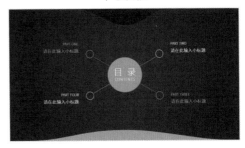

自由分散

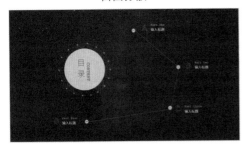

多行排列

二、过渡页的常见版式及做法

1. 在目录页的基础上微调

我们只要简单地对目录上需要讲的部分进行强调体现，其他部分弱化呈现，即可得到过渡页。

有哪些微调方式呢？ 改变颜色；改变字号；加粗字体；加形状、线条等；把上面几种方式都用上。

改变颜色

调整字号、颜色、加粗，并增加形状

2. 单独拎出所要讲的章节标题

章节标题+形状+英文

章节标题+形状+图片

我们还可以增加形状。

增加不规则形状与文字融合

增加多个形状

还可以增加图标。

还可以增加图片及纹理装饰。

第四节 常见版式之正文页

正文页，是承载PPT核心内容的页面；

大面积的风格元素，可以应用在封面、目录页及过渡页上；而对于正文页，我们首先需要保障内容的可读性，再进行美化。

一、正文页的分类

通常，正文页可以分为这几大类：图文混排、逻辑图形、数据图表、纯文字。我们根据内容需要，选择对应的正文页类型即可。

图文混排 逻辑图形

数据图表

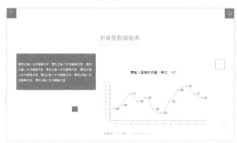

纯文字

二、常见正文页标题样式

正文页标题有如下几种样式，适用于不同的版式及风格需求。

顶部居中：常见（★★★★★）。

顶部靠左：常见（★★★★★）。

中部靠左：比较常见（★★★★）。

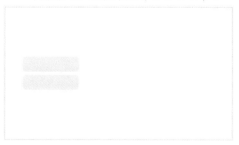

中部靠右：一般（★★★）。

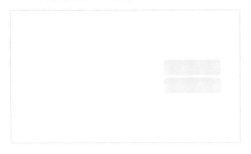

中部居中型：较少见（★★）。

顶部靠左竖排：较少见（★★），适合中式风格。

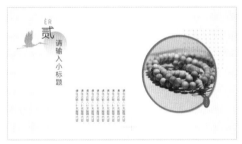

三、常见正文页版式及应用

1. 居中型

水平居中　　　　　　　　　　　　　　　　　　　中心居中

① 水平居中应用。

② 中心居中应用。

 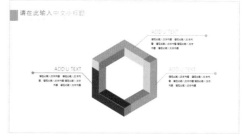

2. 左右二分型

二等分 　　　　　　　　　不均等分 　　　　　　　　　不规则

① 二等分应用。

② 不均等分应用。

③ 不规则应用。

3. 上下二分型

二等分　　　　　　　不均等分　　　　　　　不规则

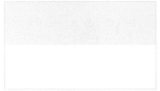  

① 二等分/不均等分应用。

② 不规则应用。

4. 斜切型

示例。

5. 三分型

| 横排三分 | 竖排三分 | T字形 |

① 横排/竖排三分应用。

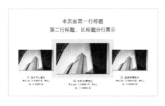

② T字形应用。

6. 四分型

| 竖排四分 | 交叉划分 |

① 竖排四分应用。

② 交叉划分应用。

7. 多宫格

示例。

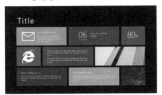  

8. 中心发散

网状 X形

示例。

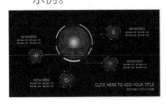  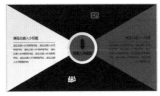

9. 创意型（不受常规版式限制进行的排版）

第五章

素材：
唾手可得，
成吨资源拿到手软

第一节 那些很棒的PPT模板网站

模板，是PPT中最大的需求；

模板资源，不在于多，而在于精；所以，我们为大家整理出关键、好用的模板资源网站。

一、免费网站

1. Officeplus.cn | 微软官方 | 优质

微软官方的模板网站，以前的模板很丑；现在与时俱进，更新了很多非常好看、实用的PPT模板。

2. Yoppt.com | 综合资源网站 | 优质

模板资源比较优质，除模板外，还有PPT图形图表、营销案例、PNG免抠图、PPT格式的矢量图标图表等资源。

3. 1ppt.com | 资源很多

一个资源数量很多的免费PPT模板网站，有不少质量较高的资源，需要适当筛选。

4. 51pptmoban.com | 资源很多

资源数量很多的免费PPT模板网站，也有不少质量较高的资源，需要适当筛选。

二、付费网站

1. PPTSTORE.net | 按单套付费 | 精品

国内最优质的付费PPT模板网站，涵盖各种风格、主题。

2.演界网yanj.cn | 会员付费型 | 优质

充值会员，畅享下载，包括各种类型PPT模板。

第二节　免费好用的图片素材网站

除了搜索引擎，你还可以选择这些免费的图片素材网站，强烈推荐。

一、国外网站

1. Pixabay.com | 五星推荐 | 中文搜索

2. Unsplash.com | 图片超多 | 种类齐全

3. Wallhaven.cc | 壁纸级别 | 超清图片

4. Gratisography.com | 摄影作品 | 夸张创意

5. Pexels.com | 图片很多

二、国内网站

1. Polayoutu.com | 开源摄影 | 国内作品

2. Ssyer.com | 图片丰富

3. Pptstore.net/picture | PPTSTORE的图片频道

第三节　那些不用PS抠图的PNG素材网站

不会PS怎么办？免抠图的素材网站，看看是否可以用得上。

一、国外网站

1. Cleanpng.com | 素材很多

2. Undraw.co/illustrations | 插画风素材

3. Stickpng.com | 实景实物素材

4. Pngtree.com | 资源优质

5. Pngimg.com|实景实物素材|分类很全

二、国内网站

51yuansu.com|素材优质|每天可免费下载4张

第四节　免费的高清视频素材网站

动态的背景效果、炫酷的PPT特效，找个视频素材，分分钟实现。

1. Mixkit.co/videos|素材优质|场景丰富

2. Pixabay.com/zh/videos | Pixabay的视频频道

3. pexels.com/videos | Pexels的视频频道

4. Mazwai.com

5. Videvo.net

6. Coverr.co

注意： 国外的网站下载比较慢，而且大部分需要注册，需要耐心等待。

第五节　推荐几个字体相关的网站

找不到字体？不认识字体？去这些网站轻松搞定。

1. Qiuziti.com | 传图识字体

2. iZihun.com | 付费商用字体

3. Fonts.net.cn

4. Font.chinaz.com

5. Fonts.safe.360.cn | 字体版权查询

第六节　好用的矢量图标网站

还在用不能修改颜色的图标？你需要这些网站。

1. iConfont.cn | 阿里巴巴图标库

2. Easyicon.net | 种类丰富

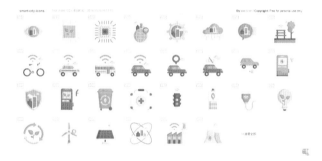

3. iConninja.com/icon | 种类丰富

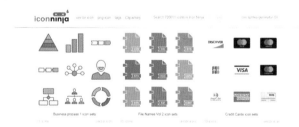

4. Flaticon.com｜素材优质｜成套彩色

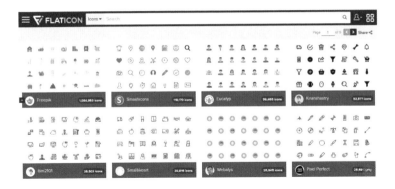

5. Yoppt.com｜PPT文件格式｜直接可用

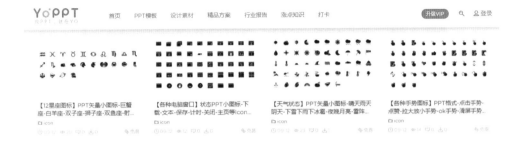

第七节　让PPT不单调的背景纹理网站

页面太单调？试试这些背景。

1. Coolbackgrounds.io｜炫酷｜数量少

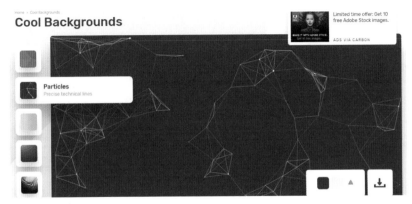

2. Hituyu.com | 种类丰富

3. Thepatternlibrary.com | 艺术图案

4. Heropatterns.com | 简约材质

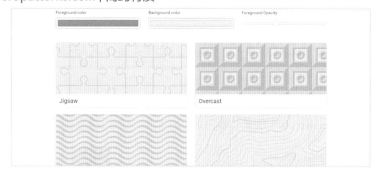

5. Toptal.com/designers/subtlepatterns | 简约

第八节　好看的配色网站推荐

给PPT点颜色瞧瞧。

1. Flatuicolors.com | 适合扁平风

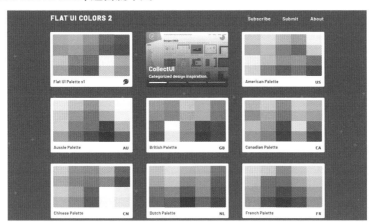

2. Zhongguose.com | 中国传统颜色

3. Colorhunt.co | 成套配色方案

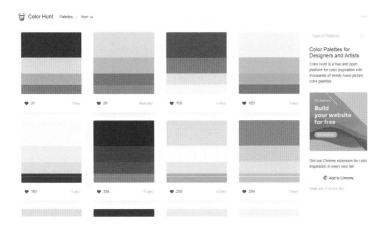

4. Webdesignrankings.com/resources/lolcolors | 小清新颜色

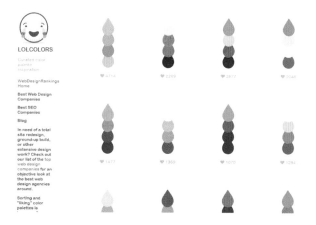

5. Webgradients.com | 渐变色
可直接下载渐变大图充当背景。

6. Uigradients.com | 渐变色
可直接下载渐变大图充当背景。

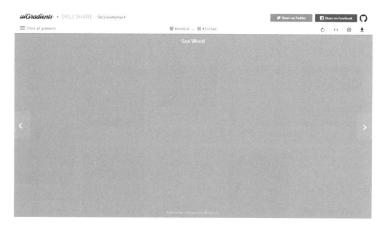